아이앤아이 영재교육원 대비

꾸러미 120제

영재교육원 대비를 위한 ...

영재란, 재능이 뛰어난 사람으로서 타고난 잠재력을 개발하기 위해 특별한 교육이 필요한 사람이고, 영재교육이란, 영재를 발굴하여 타고난 잠재력을 개발할 수 있도록 도와주는 것이다.

영재교육에 관해 해가 갈수록 관심이 커지고 있지만, 자녀를 영재교육원에 보내는 방법을 정확하게 알려주는 교재는 많지 않다. 또한, 영재교육원에서도 정확한 기준 없이 문제를 내기 때문에 영재교육원을 충분하게 대비하기는 쉽지 않다. 영재교육원 선발 시험 문제의 30% ~ 50% 가 실생활에서의 경험을 근거로 한 문제로 구성된다. 그런데 어디서 쉽게 볼 수 있는 문제는 아니므로 기출문제를 공부할 필요가 있다. 기출문제 풀이가 시험 대비의 정답은 아니지만, 유사한 문제들을 많이 접해보면서 새로운 문제를 보았을 때, 당황하지 않고, 문제의 실마리를 찾아서 응용하는 연습을 하는 것이다. 창의력 문제들을 해결하기 위해서는 본 교재를 통한 충분한 연습이 필요할 것이다.

'영재교육원 대비 꾸러미 120제 수학, 과학' 은 '영재교육원 대비 수학·과학 종합대비서 꾸러미' 에 이어서 학년별 풍부한 문제를 수록하고 있다. 영재교육원 영재성 검사(수학/과학 분리), 새롭고 신유형의 창의적 문제 해결력 평가, 심층 면접 평가 등으로 구성되어 있어 충분한 창의적 문제 해결 연습이 가능하다. 또한, 실제 생활에서 나타날 수 있는 다양한 현상과 이론을 실전 문제와 연계해 여러 방향으로 해결할 수 있어 영재교육원 모든 선발 단계를 대비할 수 있도록 하였다.
혼자서 해결할 수 없는 문제는 해설을 통하여 생각의 부족한 부분을 채우고, 다른 방법을 유추하여 해결할 수 있도록 도와준다.

'영재교육원 수학·과학 종합대비서 꾸러미' 와 '꾸러미 120제', ' 꾸러미 48제 모의고사' 를 통해 영재교육원을 대비하는 아이들과 부모님에게 새로운 희망과 열정이 솟는 시작점이 되길 바라며, 내재한 잠재력이 분출되길 기대해 본다.

무한상상

영재교육원에서 영재학교까지

01. 영재교육원 대비

영재교육원 대비 교재는 '영재교육원 대비 수학·과학 종합서 꾸러미', 꾸러미 120제 수학 과학, 꾸러미 48제 모의고사 수학 과학, 학년별 초등 아이앤아이(3·4·5·6학년), 중등 아이앤아이(물·화·생·지)(상,하) 등이 있다. 각자 자기가 속한 학년의 교재로 준비하면 된다.

02. 영재학교/과학고/특목고 대비

영재학교/과학고/특목고 대비 교재는 세페이드 1F(물·화), 2F (물·화·생·지), 3F (물·화·생·지), 4F (물·화·생·지), 5F(마무리), 중등 아이앤아이(물·화·생·지) 등이 있다.

	세페이드 1F	세페이드 2F	세페이드 3F	세페이드 4F	세페이드 5F		
현재 5·6학년	주 1~2회 6~9개월 과정	주 2회 9개월 과정	주 3회 8~10개월 과정	주 3회 6개월 과정	주 4회 2~3개월 과정	+중등 아이앤아이 (물·화·생·지)	총 소요시간 31~36개월
현재 중 1학년		주 3회 6개월 과정	주 3회 8개월 과정	주 3회 6개월 과정	주 3~4회 3개월 과정	+중등 아이앤아이 (물·화·생·지)	총 소요시간 약 24개월
현재 중 2학년		3개월 과정	4개월 과정	4개월 과정	2개월 과정	+중등 아이앤아이 (물·화·생·지)	총 소요시간 약 13개월

영재교육원은 어떤 곳인가요?

영재학급

초·중·고 각급 학교에서 대상자들을 선발하여 1개 학급 정도로 운영하는 영재반이다. 특별활동, 재량활동, 방과후, 주말 또는 방학을 이용한 형태로 운영되고 있으며, 각 학교 내에서 독자적으로 운영하거나 인근의 여러 학교가 공동으로 참여하여 운영하는 형태도 있다.

영재교육원

영재교육원은 크게 각 지역 교육청(교육지원청)에서 운영하는 경우와 대학 부설로 운영하는 경우가 있으며, 그 외에 과학고 부설로 운영하는 경우, 과학 전시관에서 운영하는 경우, 기타 단체 소속인 경우도 있다. 주로 방과후, 주말 또는 방학을 이용한 형태로 운영하고 있다.

영재 교육 기관 구분	선발 방법		선발 시기
	방법	GED 적용	
교육지원청 영재교육원	교사관찰·추천	GED 적용	9월 ~ 12월
과학전시관 영재교육원			
단위 학교 영재 교육원(예술 분야 제외)			
단위 학교 영재 학급(예술 분야)		GED 미적용	3월 ~ 4월
단위 학교 영재 학급			
대학부설 및 유관기관 영재교육원			9월 ~ 이듬해 5월

	영재교육원		영재학급	계
	교육청	대학부설		
기관수	252	85	2,114	2,451
영재교육을 받고 있는 학생 수	33,640	10,272	58,472	102,384
영재교육을 받고 있는 학생 비율	30.8%	9.4%	53.5%	93.7%

▲ 영재교육 기관 현황

영재교육 대상자 선발

영재 선발 방법은 어느 수준의 영재를 교육 대상으로 설정하느냐가 모두 다르기 때문에 영재 교육 기관(영재학교, 영재학급, 영재교육원)에 따라 선발 방법이 조금씩 다르다. 교육청 영재교육원에서만 한국교육개발원에서 개발한 영재행동특성 체크리스트(영재성 검사)를 이용하고, 다른 기관에서는 영재성 검사 도구를 자체 개발하여 선발에 사용한다.

영재교육원의 선발은 어떻게 진행되나요?

GED(Gifted Education Database) 시스템

홈페이지 주소 : http://ged.kedi.re.kr

GED란 국가차원에서 영재의 선발·추천 및 영재 교육에 관련된 자료를 관리하기 위한 데이터 베이스이다. GED 사이트를 통해서 학생들은 영재교육 기관에 지원하고, 교사들은 학생을 추천하며, 영재교육기관에서는 이들을 선발한다.

GED를 활용한 선발 과정(표준선발안)

단계	세부 내용	담당	기관
지원	지원서 작성 : 학생이 GED 시스템에서 온라인 지원 ① GED 회원 가입 후 영재교육기관 선택 ② 지원서 작성 및 자기체크리스트 작성	학생/ 학부모	학생/ 학부모
추천	– 담임 교사가 GED 시스템에서 담당 학생의 체크리스트 작성 – 학교추천위원회에서 명단 확인 및 추천	담임/ 추천 위원회	소속 학교
창의적 문제 해결력 평가	각 영재교육기관에서 진행하는 창의적 문제 해결력 평가 ① 대상 : GED를 통한 학교추천위원회 추천자 전원 ② 미술, 음악, 체육, 문예 분야는 실기 평가 포함	평가위원	영재교육기관
면접 평가	각 영재교육기관에서 진행하는 심층 면접 평가	평가위원	영재교육기관

★ 대학부설 영재교육원은 GED를 이용하여 학생을 선발하지 않고 별도의 선발 과정을 거친다.

GED 시스템 선발 흐름도

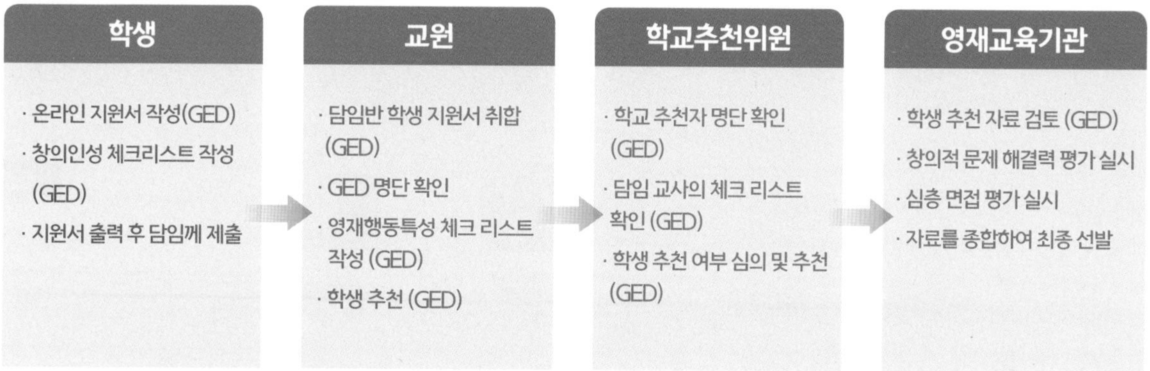

학생
- 온라인 지원서 작성(GED)
- 창의인성 체크리스트 작성(GED)
- 지원서 출력 후 담임께 제출

→

교원
- 담임반 학생 지원서 취합(GED)
- GED 명단 확인
- 영재행동특성 체크 리스트 작성 (GED)
- 학생 추천 (GED)

→

학교추천위원
- 학교 추천자 명단 확인(GED)
- 담임 교사의 체크 리스트 확인 (GED)
- 학생 추천 여부 심의 및 추천(GED)

→

영재교육기관
- 학생 추천 자료 검토 (GED)
- 창의적 문제 해결력 평가 실시
- 심층 면접 평가 실시
- 자료를 종합하여 최종 선발

영재교육원의 선발은 어떻게 진행되나요?

선발 방식의 이해

1단계는 교사 추천, 2단계는 영재성 검사에 의한 선별, 3단계에서는 창의적 문제 해결력 평가(영역별 학문적성검사) 실시, 최종 단계에서는 심층 면접을 통해서 선발하고 있다.

단계	특징
관찰 추천	교사용 영재행동특성 체크리스트, 각종 산출물, 학부모 및 자기소개서, 교사 추천서등을 활용하여 평가하는 단계
창의적 문제 해결력 평가	창의성, 언어, 수리, 공간 지각에 대한 지적 능력을 평가하는 단계로 정규 교육 과정상의 내용에 기반을 두면서 사고 능력과 창의성을 측정하는 것을 기본 방향으로 한다.
심층 면접	이전 단계에서 수집된 정보로 확인된 학생의 특성을 재검증하고, 심층적으로 파악하는 단계로 예술 분야는 실기를 하거나 수학이나 과학에 대한 실험 평가를 할 수도 있다.

각 소재 지역별 영재교육원 선발 과정

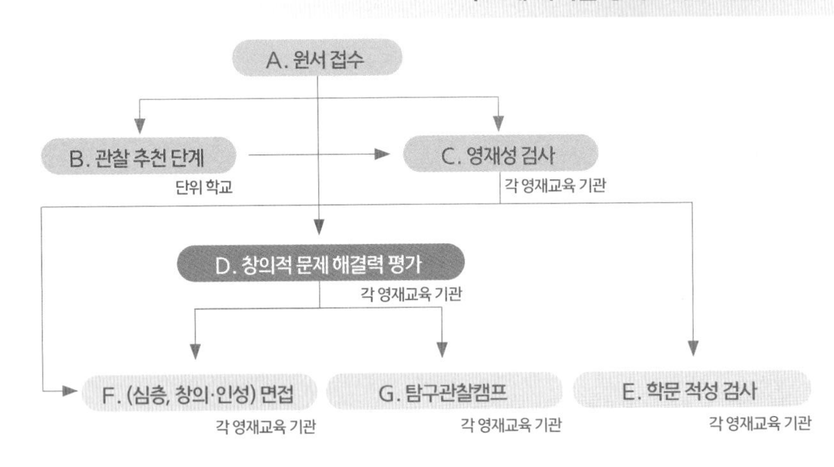

소재 지역	선발 과정
서울, 경기	A→B→D→F
충남	A→B→C
전남	A→D→F
목포	A→D→G
경남	A→C→D→F
경북	A→B→C→D→F
세종, 부산	A→B→C
강원도, 광주, 전북, 충북	A→C→F

심층 면접 과정의 예

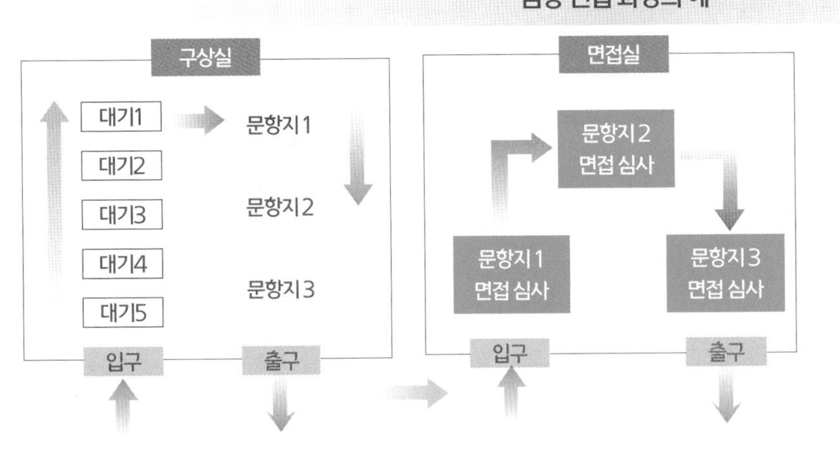

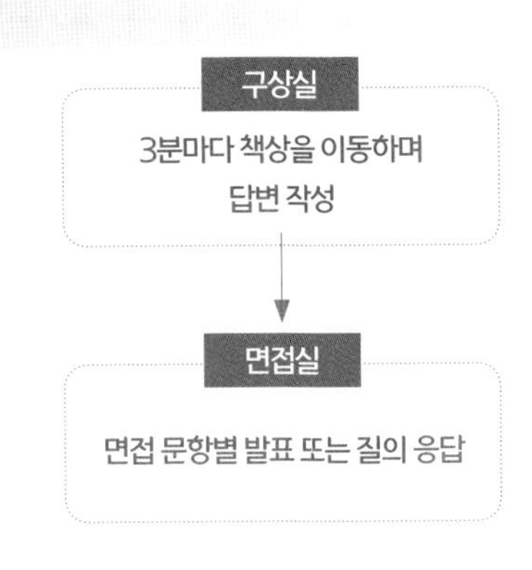

★ 각 지역별로 선발 과정이 다르므로 반드시 해당 영재교육원 모집 공고를 확인해야 한다.

★ 동일 교육청 소속 영재 교육원은 중복 지원할 수 없으며, 대학부설 영재교육원 합격자는 교육청 소속의 영재교육원에 중복 지원할 수 없다.

각 선발 단계를 **준비하는 방법**

교사 추천

교사는 평소 학교생활이나 수업시간에 학생의 심리적인 특성과 행동을 관찰하여 학생의 영재성을 진단하고 평가한다. 특히, 창의성, 호기심, 리더십, 자기주도성, 의사소통 능력, 과제집착력 등을 평가한다. 따라서 교사 추천을 받기 위한 기본적인 내신 관리를 해야 하며 수업태도, 학업성취도가 우수하여야 한다. 교과 내용의 전체 내용을 이해하고 문제를 통해 개념을 정리한다. 이때 개념을 오래 고민하고, 깊이 있게 이해하여 스스로 문제를 해결하는 능력을 키운다.
수업시간에는 주도적이고, 능동적으로 수업에 참여하고, 과제는 정해진 방법 외에도 여러 가지 다양하고 새로운 방법을 생각하여 수행한다. 수업 외에도 흥미를 느끼는 주제나 탐구를 직접 연구해 보고, 그 결과물을 작성해 놓는다.

영재성 검사

잠재된 영재성에 대한 검사로, 영재성을 이루는 요소인 창의성과 언어, 수리, 공간 지각 등에 대한 보통 이상의 지적 능력을 측정하는 문항들을 검사지에 포함시켜 학생들의 능력을 측정한다. 평소 꾸준한 독서를 통해 기본 정보와 새로운 정보를 얻어 응용하는 연습으로 내공을 쌓고, 서술형 및 개방형 문제들을 많이 접해 보고 논리적으로 답안을 표현하는 연습을 한다. 꾸러미시리즈에는 기출문제와 다양한 영재성 검사에 적합한 문제를 담고 있으므로 풀어보면서 적응하는 연습을 할 수 있다.

창의적 문제 해결력(학문적성 검사)

잠재된 영재성에 대한 검사로, 영재성을 이루는 요소인 창의성과 언어, 수리, 공간 지각 등에 대한 보통 이상의 지적 능력을 측정하는 문항들을 검사지에 포함시켜 학생들의 능력을 측정한다. 평소 꾸준한 독서를 통해 기본 정보와 새로운 정보를 얻어 응용하는 연습으로 내공을 쌓고, 서술형 및 개방형 문제들을 많이 접해 보고 논리적으로 답안을 표현하는 연습을 한다. 꾸러미시리즈에는 기출문제와 다양한 영재성 검사에 적합한 문제를 담고 있으므로 풀어보면서 적응하는 연습을 할 수 있다.

심층 면접

심층 면접을 통해 영재 교육 대상자를 최종 선정한다. 심층 면접은 영재 행동특성 검사, 포트폴리오 평가, 수행평가, 창의인성검사 등에서 제공하지 못하는 학생들의 특성을 역동적으로 파악할 수 있는 방법이고, 기존에 수집된 정보로 확인된 학생의 특성을 재검증하고, 학생의 특성을 심층적으로 파악하는 과정이다. 이 단계에서 예술 분야는 실기를 실시할 수도 있으며, 수학이나 과학에 대한 실험을 평가하는 등 각 기관 및 시도교육청에 따라 형태가 달라질 수 있다.
면접에서는 평소 관심 있는 분야나 자기 소개서, 창의적 문제 해결력 문제의 해결 과정에 대해 질문할 가능성이 높다. 따라서 평소 자신의 생각을 논리적으로 표현하는 연습이 필요하다. 단답형으로 짧게 대답하기 보다는 자신의 주도성과 진정성이 드러나도록 자신있게 이야기하는 것이 중요하다. 자신이 좋아하는 분야에 대한 관심과 열정이 드러나도록 이야기하고, 평소 육하원칙에 따라 말하는 연습을 해 두면 많은 도움이 된다.

이 책의 구성과 특징

'영재교육원 대비 꾸러미120제' 는 영재교육원 선발 방식, 영재성 평가, 창의적 문제 해결력 평가, 학문적성 검사, 심층 면접의 각 단계를 풍부한 컨텐츠로 평가합니다. 자기주도적인 학습으로 각 단계를 경험해 보세요.

PART 1. 영재성 검사

영재성 검사 영역을 1. 일반 창의성 2. 언어/추리/논리 3. 수리논리 4. 공간/도형/퍼즐 5. 과학 창의성 으로 나누었습니다.
'꾸러미 120제 수학' 에서는 2. 언어/추리/논리, 3. 수리논리 4. 공간/도형/퍼즐 세가지 영역의 문제를 내고 있고,
'꾸러미 120제 과학' 에서는 1. 일반 창의성 2. 언어/추리/논리 5. 과학 창의성 세가지 영역의 문제를 내고 있습니다.

PART 2. 창의적 문제해결력 과학

각 선발시험의 기출문제를 기반으로 하고, 신유형 /창의 문제를 추가하여 단계별로 문제를 구성하였고 문제별로 상, 중, 하 난이도에 따라 점수 배분을 다르게 하고 스스로 평가할 수 있게 하여 단원 말미에 성취도를 확인할 수 있습니다.

PART 3. STEAM / 심층면접

과학(S), 기술(T), 공학(E), 예술(A), 수학(M)의 융합형 문제를 출제하여 복합적으로 사고할 수 있도록 하였고, 영재교육원의 면접방식에 따른 기출문제로 면접 유형을 익히고 서술 연습할 수 있도록 하였습니다.

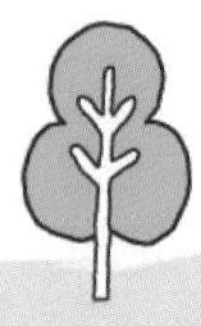

CONTENTS
차례

CREATIVE
THINKING!
BEST
GO
꾸러미120제

Part 1

영재성 검사

1 영재성 검사 일반 창의성

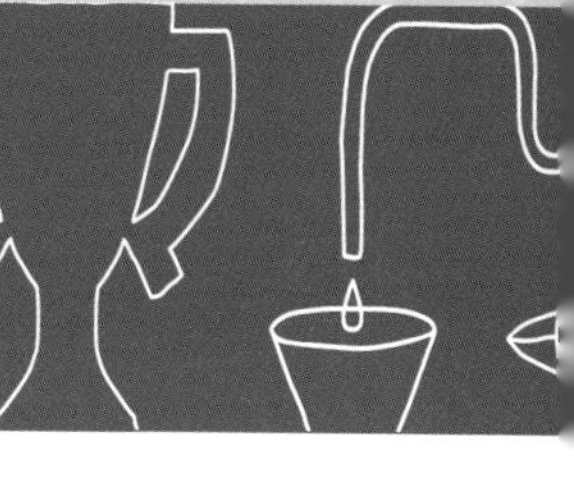

교육청 영재교육원 기출

01. 정사각형 3 개를 모아서 하트모양을 만들어 보시오. [5 점]

☑유창성
☐융통성
☑독창성
☐정교성

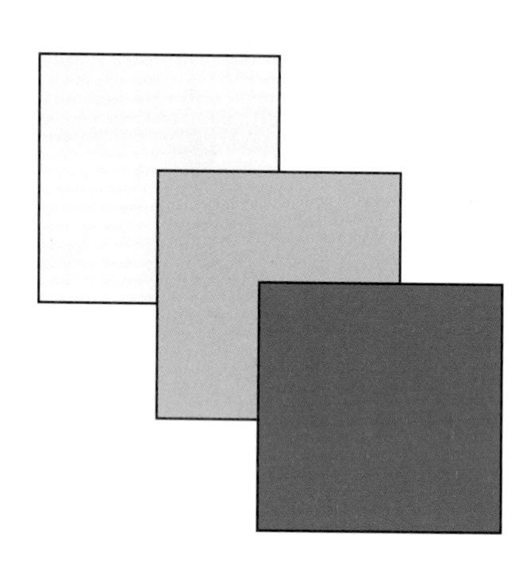

교육청 영재교육원 기출

02. 아래의 <조건> 을 참고하여 1 부터 10 까지의 수가 사용되는 예를 각각 한 가지씩 적고, 설명해 보시오. [6 점]

□ 유창성
☑ 융통성
□ 독창성
☑ 정교성

조건

※ 모든 사람이 알고 있고, 인정할 수 있는 예를 적어야 한다.

(예시) 숫자 11 이 사용되는 예를 한 가지 쓰시오.

- 맞는 예 : 축구 경기 한 팀의 인원은 11 명이다.
- 틀린 예 : ① 2 + 9 = 11 (수의 계산 결과는 사용할 수 없다.)
  ② 내 친한 친구는 11 명이다.
  ③ 내 필통에는 11 자루의 연필이 있다.

※ 수가 사용되는 상황은 최대한 겹치지 않도록 한다.

수	수가 사용되는 예	수	수가 사용되는 예
1		6	
2		7	
3		8	
4		9	
5		10	

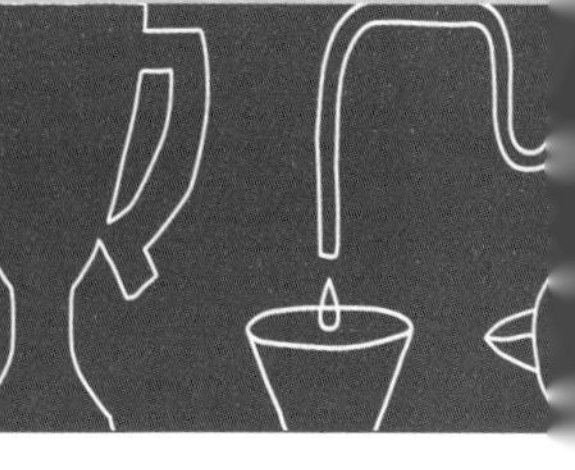

교육청 영재교육원 기출 유형

03. 연필로 할 수 있는 것을 최대한 많이 쓰시오. [4 점]

- ☑ 유창성
- ☑ 융통성
- ☐ 독창성
- ☐ 정교성

교육청 영재교육원 기출

04. 아이가 창문을 보고 깜짝 놀란 표정을 지었다. 그 이유를 쓰시오. [4 점]

- ☐ 유창성
- ☐ 융통성
- ☑ 독창성
- ☑ 정교성

예시 답안 / 평가표 ·········> P. 4

교육청 영재교육원 기출

05. 다음은 주변의 소리를 표현하기 위한 준비물이다.

☐ 유창성
☐ 융통성
☑ 독창성
☑ 정교성

준비물

재료 : 페트병, 종이컵, 빨대, 나무젓가락, 고무줄, 고무풍선, A4 용지

도구 : 가위, 셀로판테이프

적절한 재료를 3 가지 이상 선택하여 주변의 소리를 표현하는 물건 하나를 만들어 보시오. [6 점]

1 영재성 검사 일반 창의성

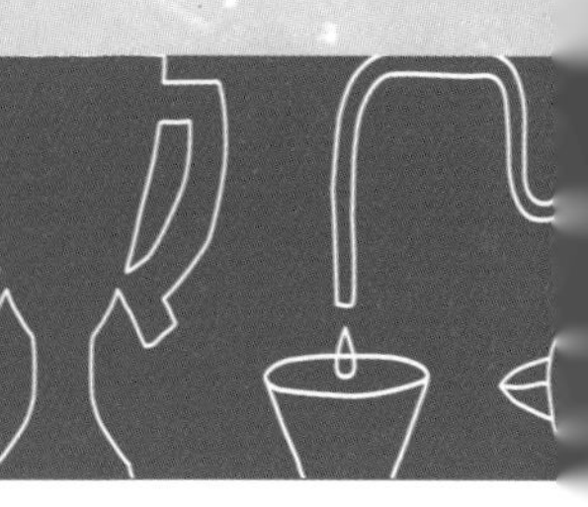

교육청 영재교육원 기출

06. 모래가 답이 되는 문제를 최대한 많이 만드시오. [4 점]

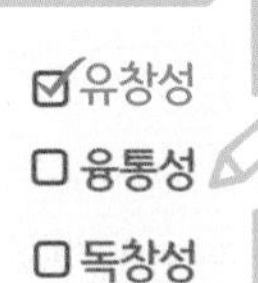

☑유창성
☐융통성
☐독창성
☐정교성

교육청 영재교육원 기출 유형

07. 6 월 어느 날 오전 11 시, 무한이는 학교에서 기말고사 시험을 보고있다. 어제 공부했던 것이 시험 문제에 나와 무한이는 시험 문제를 종료 시간 전에 모두 풀었다. 무한이는 홀가분한 기분으로 시험 종료 종이 울릴 때까지 눈을 감고 주변의 소리에 귀를 기울였다. 이때 무한이는 어떤 소리를 들었을지 써보시오. (많이 쓸수록 점수가 높습니다.) [5 점]

☑유창성
☐융통성
☑독창성
☐정교성

예시 답안 / 평가표 ·········> P. 5

교육청 영재교육원 기출

08. 과자 봉지와 공통점이 있는 물건 8 가지를 찾고, 공통점을 쓰시오. [6 점]

☑유창성
☐융통성
☑독창성
☐정교성

물건	공통점

교육청 영재교육원 기출 유형

09. 다음은 쌀 한 가마니 속에 든 쌀알의 개수를 알아내는 방법을 설명한 것이다. 물음에 답하시오. [5 점]

☑유창성
☑융통성
☐독창성
☐정교성

쌀 한 가마니는 10 말, 한 말은 10 되, 한 되는 10 홉이므로, 한 홉에 들어 있는 쌀알의 개수를 세고, 간단한 계산을 하여 한 가마니에 들어 있는 쌀알의 개수를 어림해 볼 수 있다.

(1) 위와 같은 방법으로 한 가마니에 들어 이는 쌀알의 개수를 대략 알아낸다고 할 때, 어떤 것을 가정해야 할지 모두 쓰시오. [2 점]

(2) 일상생활에서 위와 같은 방법으로 전체의 수를 알아내는 예를 4 가지 쓰시오. [3 점]

예시 답안 / 평가표 ·········> P. 7

10. 다음은 우주 탐사선 파이어니어 10 호에 관한 설명이다.

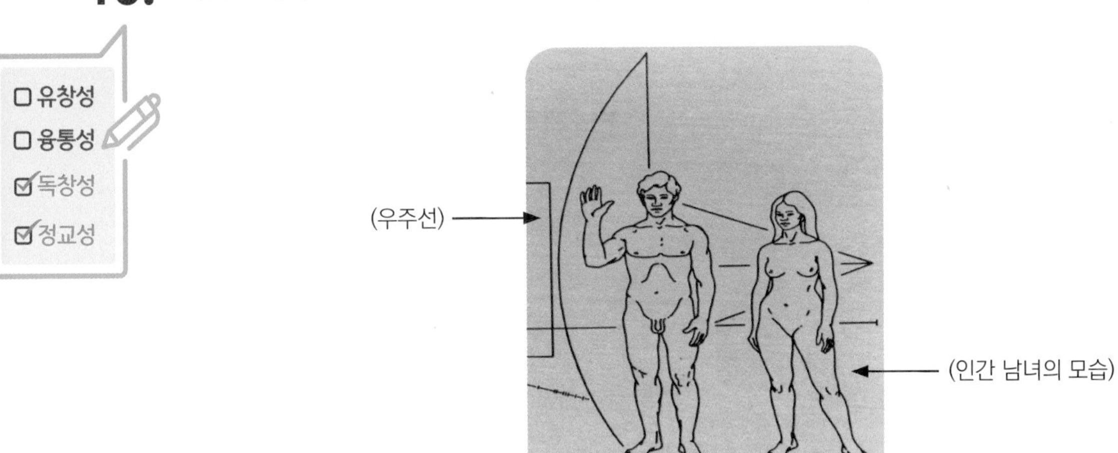

▲ 칼세이건 그림의 일부

1972 년 3 월 3 일 파이어니어 10 호가 발사됐다. 파이어니어 10 호는 처음으로 목성을 관찰하고 태양계를 벗어난 우주선이다. 우주선에는 칼세이건이 생각해낸 외계 생명을 향한 메시지가 담긴 금속판이 함께 실려있다. 메시지는 인간의 모습과 태양계를 그린 그림이다. 칼세이건은 인간의 크기를 파이어니어 우주선 크기와 비교한 그림을 그려 외계 생명체가 인간의 크기를 알 수 있도록 했다.

내가 칼세이건이라면 외계 생명체에게 인간의 생김새와 크기를 어떻게 그림으로 전할지 그려 보시오. [6 점]

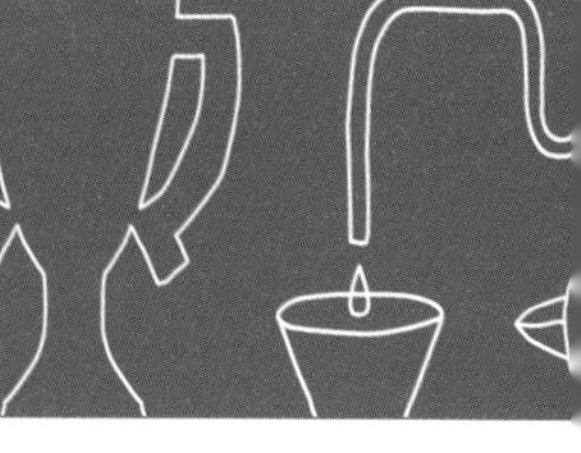

11. 가정용 체중계로 작은 강아지의 무게를 재려고 한다. 체중계 위에서 가만히 있지 않는 강아지의 무게를 잴 수 있는 방법을 다양하게 써 보시오. [5 점]

☑유창성
☐융통성
☐독창성
☑정교성

12. 무한이는 현재 자 두 개와 펜만을 가지고 있는데, 종이를 깨끗하게 잘라야 한다. 무한이가 어떻게 종이를 깨끗하게 자를 수 있을지 방법을 3 가지 이상 써 보시오. [5 점]

☑유창성
☐융통성
☐독창성
☑정교성

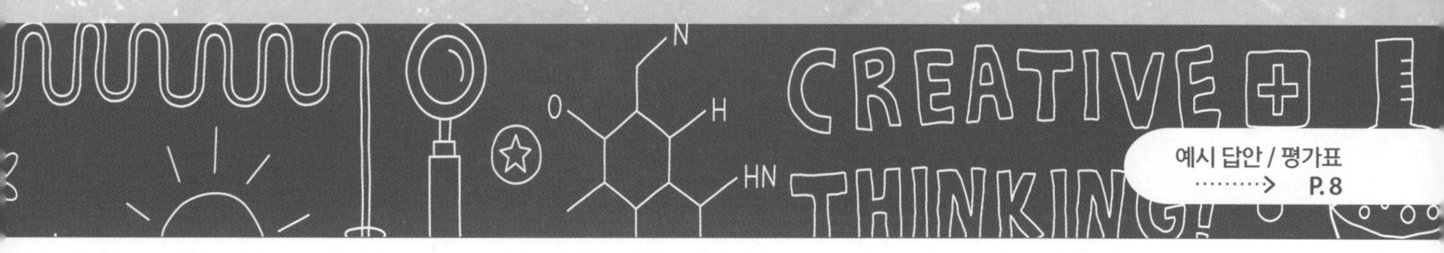

예시 답안 / 평가표 ·········> P. 8

□ 유창성
☑ 융통성
□ 독창성
☑ 정교성

13. 무한이 옆집에 살던 박사님이 무한이와 똑같이 생긴 복제 인간을 만들어 주셨다. 이 복제 인간은 인간과 똑같이 말하고 행동할 수 있지만, 무한이에 대해서는 아무것도 모른다. 오늘 당장 학교에 가기 싫은 무한이는 이 복제 인간을 대신 학교에 보내기로 했다. 친구들과 선생님께 복제 인간인 것을 들키지 않기 위해서 무한이가 복제 인간에게 단 3 가지를 충고한다면, 어떤 충고를 해야 할지 이유와 함께 쓰시오. [5 점]

14. 현재 동물원은 동물을 보호하고, 사람들에게 생태 교육의 기회를 제공하는 역할을 하고 있다. 하지만 동물원에서 생활하는 동물들의 정신이 이상해지는 등의 문제로 동물원 폐지를 주장하는 사람도 있다. 자신의 입장은 어떤지 말해보고, 동물원을 폐지한다면 현재 동물원의 역할을 어떻게 대체할지 써보시오. [5 점]

☑ 유창성
☐ 융통성
☐ 독창성
☑ 정교성

15. 열쇠는 타인이 쉽게 복사하여 문을 딸 수 있고, 비밀번호 잠금장치는 지문이 남아 비밀번호를 알아낼 수 있다. 그래서 고안된 것이 지문 잠금장치이다. 하지만 지문도 복사할 수 있어 그 안전성이 의심되고 있다. 미래에는 어떤 신체를 이용한 잠금장치가 나올지 말해 보고, 그렇게 만든 이유를 설명하시오. [5 점]

☑ 유창성
☐ 융통성
☐ 독창성
☑ 정교성

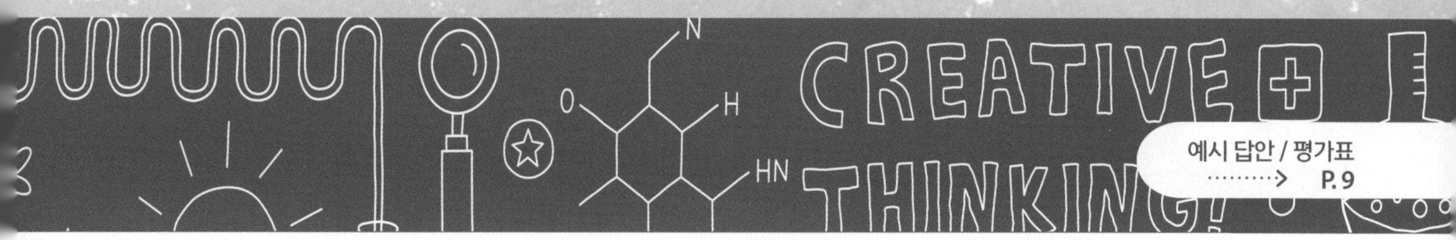

16. 아래의 그림에 있는 사람은 어떤 직업을 가졌을지 말해 보고, 왜 그렇게 생각하는지 쓰시오. [4 점]

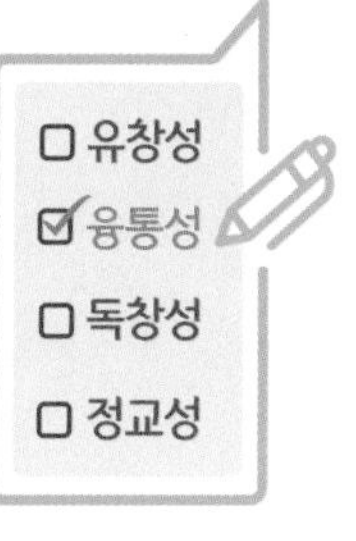

17. 나팔꽃의 줄기는 기둥이나 줄, 나무 등 걸칠 수 있는 것을 감고 올라가면서 성장한다. 주변에 나팔꽃처럼 감고 올라가는 형태로 만들면 더 나아질 물건들을 골라 새로운 물건을 만들고, 설명해 보시오. [5 점]

- ☑ 유창성
- ☐ 융통성
- ☑ 독창성
- ☐ 정교성

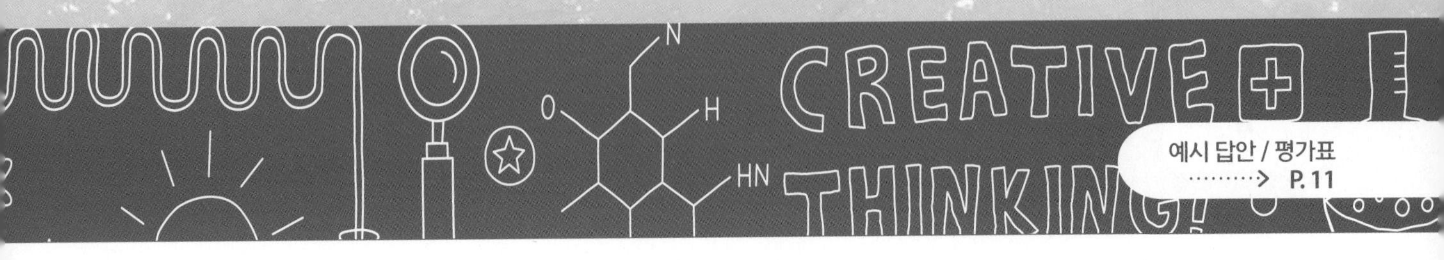

예시 답안 / 평가표 ··········> P. 11

18. 인공 지능이란 컴퓨터에서 인간과 같이 생각하고 학습하고 판단하는 논리적인 방식을 사용하는 고급 컴퓨터 프로그램을 말한다. 사용자가 구매한 물품 목록을 분석해 어떤 물건을 사면 좋을지 추천해 주거나, 사용자들의 생활 방식에 맞춰 에어컨을 켜고 끄는 등 많은 일을 대신해 주고 있다. 미래에는 인공 지능 컴퓨터가 어떤 일까지 해줄지 구체적으로 설명하시오. [5 점]

- ☑ 유창성
- ☐ 융통성
- ☑ 독창성
- ☐ 정교성

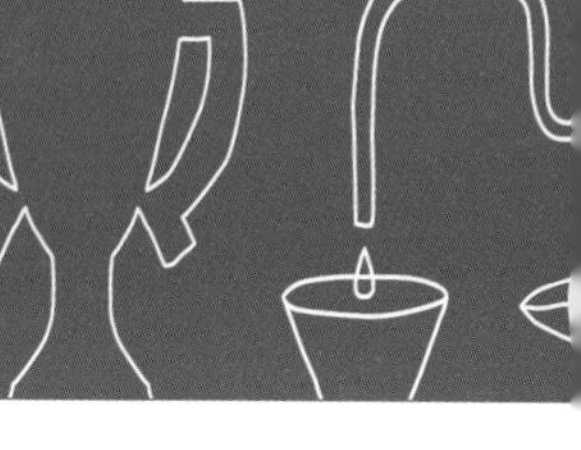

19. 무한이의 아버지는 가전제품 회사에 다니신다. 어느 날, 아버지는 근심이 가득하신 얼굴로 집에 들어오셨다. 무한이가 아버지께 왜 그런지 물어봤더니, 아버지는 현재 회사에서 판매하는 냉장고의 판매율이 저조해 알래스카인들에게 냉장고를 팔게 되었다고 하셨다. 무한이는 아버지께 알래스카인들이 냉장고를 사도록 만들 수 있는 홍보물을 만들어 드리기로 했다. 자신이 무한이라면 홍보물에 어떤 내용을 실어 알래스카인들이 냉장고를 사도록 만들지 쓰시오. [5 점]

- ☐ 유창성
- ☑ 융통성
- ☑ 독창성
- ☐ 정교성

20. 다음 글을 읽고 물음에 답하시오.

☑유창성
☐융통성
☑독창성
☐정교성

미국 시카고의 레이크쇼어에는 '레이크쇼어 드라이브' 라는 도로가 있습니다. 이 도로에는 곡선 구간이 많아 사고가 매우 잦았습니다. 2006 년 미국에서는 이곳의 사고를 줄이기 위해 커브 구간에 진입하는 지점부터 흰 선을 가로로 그었습니다. 커브 구간에 가까이 갈수록 간격이 점점 좁아지도록 해서 운전자들이 커브를 돌 때 속도가 높아진다는 착각이 들도록 했습니다. 이 가로선 덕분에 '레이크쇼어 드라이브' 의 커브길 사고는 36 % 나 감소했습니다.

위의 방법 외에 급한 커브길 사고를 막기 위해 속도를 줄일 수 있도록 유도하는 방법에는 무엇이 있을지 3 가지 이상 써 보시오. [6 점]

1 영재성 검사 언어 / 추리 / 논리

교육청 영재교육원 기출 유형

01. 다음 <보기> 와 같이 두 개의 전제와 하나의 결론으로 된 연결 형식의 논증을 '삼단논법' 이라고 한다. <보기> 의 예문을 참고하여 '교과서는 책이다.' 라는 결론을 도출할 수 있는 두 개의 전제를 쓰시오. [5 점]

보기

1. 전제 1 : 새끼에게 젖을 먹여 키우는 동물은 포유류이다.
   전제 2 : 고래는 새끼에게 젖을 먹여 키우는 동물이다.
   결론 : 고래는 포유류이다.
2. 전제 1 : 대한민국 초등학생은 학교에 가야 한다.
   전제 2 : 상상이는 대한민국 초등학생이다.
   결론 : 상상이는 학교에 가야 한다.

전제 1 : ______________________

전제 2 : ______________________

결론 : 교과서는 책이다.

CREATIVE THINKING!

예시 답안 / 평가표 ·········> P. 14

교육청 영재교육원 기출

02. 무한이와 5 명의 친구는 둥근 6 인용 중국식 회전 식탁에 둘러앉아 서로 다른 음식을 먹고 있었다. 다음을 읽고 물음에 답하시오.

ㄱ. 지은이는 유희 옆에 앉아 있는 사람과 마주 보고 앉아 있다.

ㄴ. 유희의 맞은편에 앉아 있는 사람은 볶음밥을 먹는다.

ㄷ. 희준이는 우동을 먹고, 유희 옆에 앉아 있는 사람은 라면을 먹는다.

ㄹ. 희준이 맞은편에 앉아 있는 사람은 떡볶이를 먹는다.

ㅁ. 연수의 양옆에는 희준이와 유희가 앉아 있다.

ㅂ. 승우의 맞은편에 앉아 있는 사람은 돈가스를 먹는다.

김밥을 먹고 있는 사람은 누구일지 쓰시오. [6 점]

교육청 영재교육원 기출

03. 다음은 라퐁텐의 우화 일부분이다. 이 이야기를 통해 글쓴이가 말하고자 하는 것을 표어로 쓰시오. [4 점]

출산을 앞둔 들개 한 마리가 전부터 알던 암캐의 집을 찾아가서 새끼가 태어날 때까지만 집을 빌려 달라고 애원했습니다. 부탁을 받은 암캐는 곤란했지만, 들개의 불룩한 배를 보고는 같은 어미 개로서 거절하는 것이 마음에 걸려서 집을 빌려주었습니다. 그리고 얼마 지나지 않아서 들개 새끼들이 태어나자, 암캐는 집을 비워 달라고 했습니다. 들개는 새끼 세 마리를 감싸면서 새끼들의 다리에 힘이 오를 때까지 조금만 더 봐달라고 사정을 했습니다. 그래서 할 수 없이 암캐는 몇 주 동안 들에서 비바람을 맞으며 참았습니다. 암캐가 다시 집으로 가서 집을 비워 달라고 하였습니다. 그러자 다 자란 들개의 새끼들이 짖어대며 말하였습니다.

"이곳은 이제 우리 거야. 오지 마!"

암캐는 들개에게 집을 빌려준 일을 후회하였지만, 그때는 이미 어쩔 수가 없었습니다.

예시 답안 / 평가표
··········> P. 15

교육청 영재교육원 기출

04. 기진, 나미, 다래, 리나, 민수는 각각 '김', '이', '민', '조', '박' 중에서 서로 다른 성을 가지고 있다. 다음 <조건> 이 모두 거짓이라고 할 때, 기진, 나미, 다래, 리나, 민수의 성을 각각 구하시오. [5 점]

조건

ㄱ. 기진이는 김 씨 아니면 이 씨이다.

ㄴ. 김 씨인 사람은 나미 아니면 다래이다.

ㄷ. 나미는 이 씨, 조 씨, 민 씨 중의 하나이다.

ㄹ. 조 씨인 사람은 기진이 아니면 민수이다.

ㅁ. 이 씨인 사람은 다래 아니면 민수이다.

교육청 영재교육원 기출 유형

05. 다섯 명의 조종사 A, B, C, D, E 가 한국의 5 개의 공항에서 5 개의 국가로 출발하려고 한다. 다음 <조건> 을 읽고 A, B, C, D, E 각각의 조종사가 출발하는 공항의 이름과 목적지를 쓰시오.

[6 점]

조건

ㄱ. 인천 공항에서 출발하는 비행기는 니스로 간다.

ㄴ. 김포 공항에서 출발하는 비행기의 조종사는 C 이다.

ㄷ. A 는 뉴욕 JFK 공항으로 가는데 제주 공항에서 출발하는 것은 아니다.

ㄹ. 김해 공항에서 출발하는 비행기는 미국으로 가지 않는다.

ㅁ. B 는 밴쿠버로 간다.

ㅂ. C 는 로마로 가지 않는다.

ㅅ. B 는 김해 공항에서 출발하지 않는다.

ㅇ. D 는 인천 공항에서 출발하지 않는다.

ㅈ. 청주 공항에서 출발하는 비행기의 조종사는 E 가 아니며, 베를린으로 가지 않는다.

조종사	출발 공항	목적지
A		
B		
C		
D		
E		

예시 답안 / 평가표
·········> P. 16

06. 다음은 랍비와 제자의 이야기이다. 다음 글을 읽고 물음에 답하시오.

어느 날, 한 랍비가 제자에게 물었습니다.

“두 아이가 굴뚝 청소를 하고 나왔는데 한 아이의 얼굴에는 시커먼 그을음이 묻어 있었고, 다른 아이의 얼굴에는 그을음이 없었네. 그렇다면 두 아이 중에서 누가 얼굴을 씻었겠는가?”

“그야 물론 얼굴이 더러운 아이겠지요.”

제자의 대답에 랍비는 고개를 저으며 말했습니다.

<u>"그렇지 않다네. 얼굴이 더러운 아이는 깨끗한 아이를 보고 자신의 얼굴도 깨끗할 것이라고 생각해서 씻지 않을걸세. 하지만 얼굴이 깨끗한 아이는 얼굴이 새까맣게 된 아이를 보고, 자기도 더러워졌을 것이라 생각해 씻을 걸세."</u>

"과연 그렇겠군요."

제자는 고개를 끄덕였습니다. 그러자 랍비가 다시 물었습니다.

"그렇다면 다시 같은 질문을 하지. 굴뚝 청소를 마치고 나온 두 아이가 있네. 한 아이의 얼굴은 그을음으로 더러워져 있었고, 다른 아이는 그을음 하나 묻지 않은 깨끗한 얼굴이었네. 두 아이 중 누가 세수를 하겠는가?"

밑줄 친 랍비의 대답 외에 할 수 있는 말이 무엇일지 써 보시오. [5 점]

1 영재성 검사 언어 / 추리 / 논리

07. 다음 <보기> 를 읽고 물음에 답하시오.

보기

'모음 조화' 란 두 음절 이상의 단어에서, 뒤의 모음이 앞 모음의 영향으로 그와 가깝거나 같은 소리로 되는 언어 현상이다. 'ㅏ', 'ㅗ' 따위의 양성 모음은 양성 모음끼리, 'ㅓ', 'ㅜ' 따위의 음성 모음은 음성 모음끼리 어울린다.

(예) 알록달록, 얼룩덜룩, 갈쌍갈쌍, 졸졸, 줄줄

위의 예시와 같은 모음 조화 현상을 이용한 단어를 있는 대로 써 보시오. [5 점]

CREATIVE THINKING!

예시 답안 / 평가표 ·········> P. 17

교육청 영재교육원 기출 유형

08. 다음 <보기> 의 단어들은 일정한 규칙에 따라 나열되어 있다. <보기> 의 규칙이 무엇인지 설명하고, 그 규칙에 따라 빈칸을 가능한 많이 채워 보시오. [6 점]

보기

강우 → 만수무강 → 거만 → 선거 → 휴전선 → 제휴 → 진통제 → 방진 → …

도라지 → ☐ → ☐ → ☐ → ☐ → ☐ →

☐ → ☐ → ☐ → ☐ → ☐ → ☐

→ ☐ → ☐ → ☐ → ☐ → ☐ → …

교육청 영재교육원 기출 유형

09. 둘 이상의 낱말이 어울려 원래 뜻과는 다른 뜻으로 굳어져 사용되는 말을 관용어라고 한다. 다음 <보기 1> 과 <보기 2> 의 낱말을 하나씩 사용하여 가능한 많은 관용어를 만들고, 그 의미를 써 보시오. [6 점]

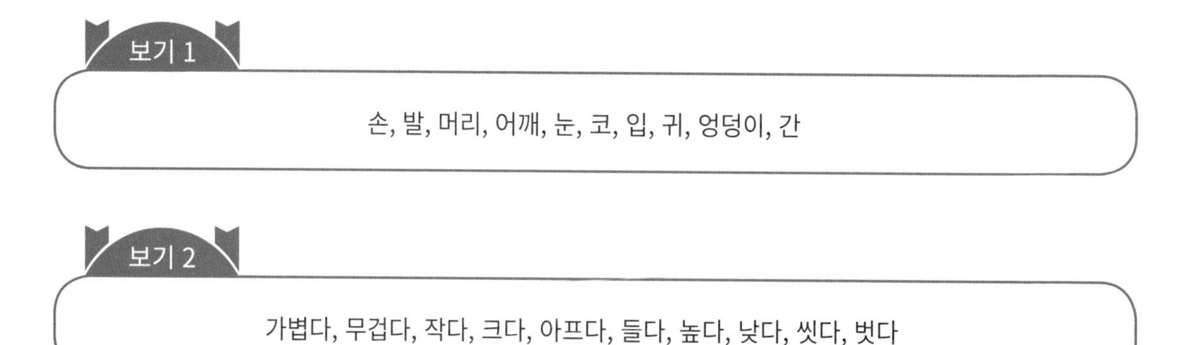

보기 1
손, 발, 머리, 어깨, 눈, 코, 입, 귀, 엉덩이, 간
보기 2
가볍다, 무겁다, 작다, 크다, 아프다, 들다, 높다, 낮다, 씻다, 벗다

(예시) 손이 작다 : 물건이나 재물의 씀씀이가 깐깐하고 작다.

예시 답안 / 평가표 ··········> P. 18

교육청 영재교육원 기출

10. 아래의 광고문과 <보기> 를 읽고, 물음에 답하시오. [6 점]

보기

1. 난, 지성으로 뭉쳤다. 난 건성으로 살았다.
2. 꽃이 향기로운 건 겨울을 품어냈기 때문이고, 사람이 아름다운 건 상처를 이겨냈기 때문입니다.
3. 운전대와 휴대폰을 같이 잡으면 사람까지 잡을 수 있습니다.
4. 여름을 전기가 시원하게 합니다. 여름이 전기를 힘들게 합니다.
5. 나무를 죽이는 컵? 나무를 살리는 컵!

(1) 광고문에 쓰인 표현 방법을 사용한 문장을 <보기> 에서 모두 고르시오. [3 점]

(2) 광고문에 쓰인 표현 방법을 사용하여 자신이 만든 광고문을 써 보시오. [3 점]

1 영재성 검사 과학 창의성

교육청 영재교육원 기출

01. 다음 글을 읽고 물음에 답하시오.

□ 유창성
□ 융통성
□ 독창성
☑ 정교성

바닷가에서 낮에는 바다에서 육지로 바람이 불어오고, 밤에는 육지에서 바다로 바람이 분다. 우리나라는 추운 겨울에 북서쪽에서 바람이 불어오고, 더운 여름에는 상대적으로 남쪽에서 바람이 불어오는 경우가 많다.

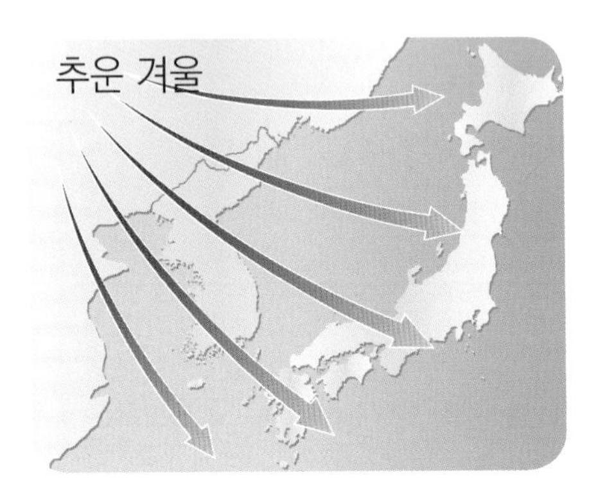

위 자료를 통해 시간별, 계절별로 바람의 방향이 바뀌는 이유를 설명하시오. [5 점]

예시 답안 / 평가표 ··········> P. 20

교육청 영재교육원 기출

02. 다음 글을 읽고 물음에 답하시오.

☑유창성
☐융통성
☐독창성
☑정교성

한여름에 시원하게 쏟아지는 거센 소나기에도 연꽃잎은 빗방울을 튕겨 내고 고인 빗물을 흘려보낸다. 이를 '연잎 효과' 라고 한다. 이 현상이 일어나는 이유는 연꽃잎에 무수히 나 있는 미세한 돌기와 연꽃잎 표면을 코팅하고 있는 일종의 왁스 성분 때문이다.

'연잎 효과' 를 생활 속에서 활용할 수 있는 구체적인 예를 3 가지 찾아 설명하시오. [5 점]

교육청 영재교육원 기출

03. 다음 <보기> (가) 와 (나) 의 상황을 보고 질문에 답하시오. [6 점]

☐ 유창성
☑ 융통성
☐ 독창성
☑ 정교성

보기

비가 많이 내리는 겨울날이었습니다. 무한이는 가족들과 함께 차를 타고 가고 있었습니다. 아버지께서는 추워하는 가족들을 위해 히터를 켜주셨습니다. 얼마 후, 무한이는 **(가)** 자동차 유리창에 하얗게 김이 서려 있는 것을 보았습니다. 아버지께서는 비가 오는 탓에 **(나)** 자동차 와이퍼를 켜셨지만, 김은 닦이지 않았습니다.

(1) (가) 와 같은 현상이 일어나는 일상의 예를 3 가지 이상 쓰시오. [2 점]

(2) (가) 와 같은 현상이 일어나는 이유를 쓰시오. [2 점]

(3) (나) 의 문제를 어떻게 해결할 수 있는지 쓰시오. [2 점]

예시 답안 / 평가표 ·········> P. 21

영재교육원 기출

04. 다음 <보기> 와 같이 크기와 모양이 다른 3 개의 막대와 1 개의 손전등을 이용하여 그림자 만들기 놀이를 하고 있다.

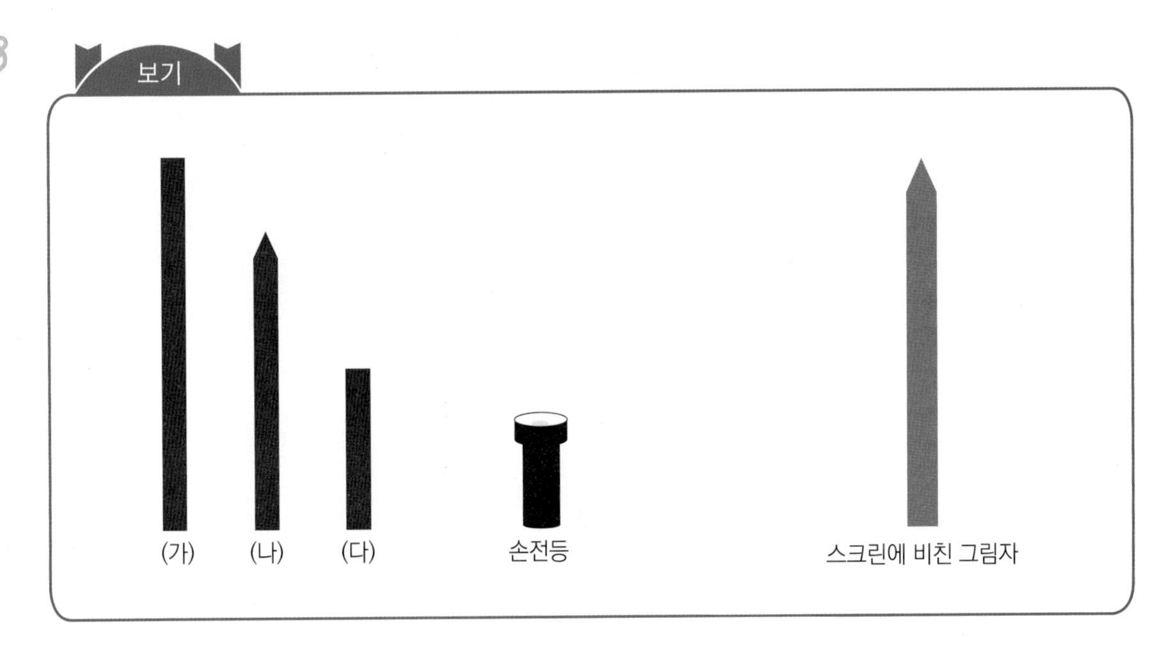

막대 3 개의 배열과 손전등의 위치를 조정하여 스크린에 비친 그림자가 위와 같도록 만들 수 있는 방법을 3 가지 찾아 설명하시오. (단, 3 개의 막대를 배열할 때 막대를 눕힐 수 없다.)

[5 점]

교육청 영재교육원 기출

05. 아래의 그림처럼 지구의 달이 2 개일 때 일어날 수 있는 일 3 가지와 그 이유를 서술하시오. [5 점]

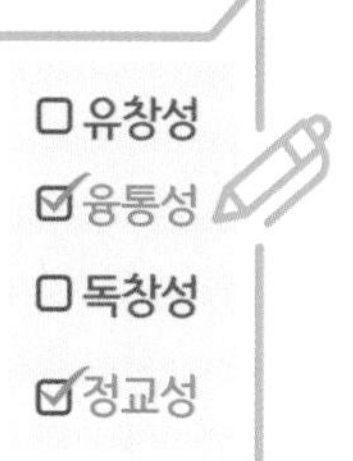

교육청 영재교육원 기출

06. 아래의 글을 읽고 공기가 희박한 우주공간 인근에서 사람이 자유낙하 시 갖추어야 할 과학적 조건 3 가지를 설명하시오. [5 점]

□ 유창성
☑ 융통성
□ 독창성
☑ 정교성

오스트리아 스카이다이버 펠릭스 바움가르트너가 지상 39 km 에서 자유낙하에 성공해 가장 높은 곳에서 뛰어내린 사나이가 되었다. 에베레스트 산보다 4 배나 높고, 비행기 항로보다 3 배나 높은 곳에서 뛰어내린 바움가르트너는 낙하한지 몇 초 만에 시속 1,110 km 에 도달했다.

※ 자유낙하 : 처음 속력이 0 인 상태로 지표면을 향해 떨어지는 물체의 운동

예시 답안 / 평가표 ·········> P. 22

교육청 영재교육원 기출

07. 아래 제시된 (가), (나) 사진을 보고 질문에 답하시오.

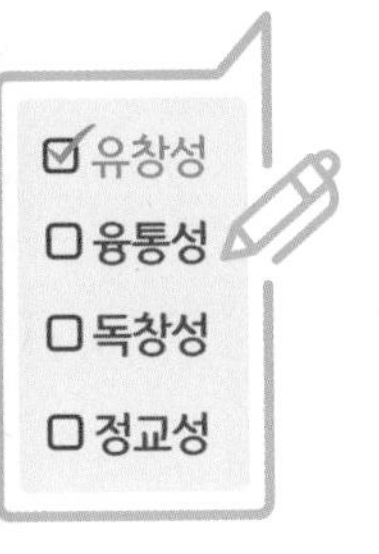

(가)

(나)

(가) 와 (나) 의 외관상의 차이점을 쓰고, 그렇게 된 이유를 쓰시오. [4 점]

과학고 영재교육원 기출

08. 다음 나타난 동식물의 변화에 대한 글을 읽고, 광합성과 관련지어 변화의 원인을 설명하시오. [5 점]

☐ 유창성
☑ 융통성
☐ 독창성
☑ 정교성

- 당시 어떤 대기성분 때문에 산불이 자주 일어났다.
- 이 시기의 생물들이 주로 석탄이 되었다.
- 날개폭이 1 m 에 이르는 거대한 곤충들이 생존하였다.
- 고사리류는 키가 8 cm 에 이르기도 하였다.

대회 기출 유형

09. 다음 글을 읽고 물음에 답하시오.

☑유창성
☑융통성
☐독창성
☐정교성

해의 그림자를 이용하여 시간을 알 수 있도록 만든 해시계는 우리 조상의 슬기를 배울 수 있는 훌륭한 발명품이다. 태양이 이동하는 방향에 따라 그림자의 방향이 달라지는 것을 이용하여 시간을 알 수 있도록 하였고, 계절마다 그림자의 길이가 달라짐을 이용하여 절기를 알 수 있도록 했다.

▲ 앙부일구

이처럼 해시계 이외에 태양의 그림자나 고도가 이용되는 예를 쓰고, 원리를 설명해 보시오. [5 점]

교육청 영재교육원 기출

10. 다음 글을 읽고, 생활 속에서 투명, 불투명, 반투명 활용 예를 각각 한 가지씩 쓰고 설명해 보시오.

[5 점]

☐유창성
☑융통성
☐독창성
☑정교성

물체는 그 성질에 따라 빛을 통과시키는 정도가 다르다. 빛을 대부분 통과시키는 물체를 투명, 빛을 통과시키지 못하는 물체를 불투명, 그리고 빛을 조금만 통과시켜 자세하게 보이지 않고 어렴풋하게 보이는 물체를 반투명하다고 한다.

예시 답안 / 평가표 ·········> P. 24

영재교육원 기출

11. 그림 (가) 와 (나) 는 서로 다른 환경에 서식하는 새의 발 모습이다. (가) 와 (나) 의 서식 환경이나 생활양식의 차이점을 3 가지 이상 쓰시오. [5 점]

☑ 유창성
☑ 융통성
☐ 독창성
☐ 정교성

(가)

(나)

구분	(가)	(나)
서식 환경 및 생활양식		

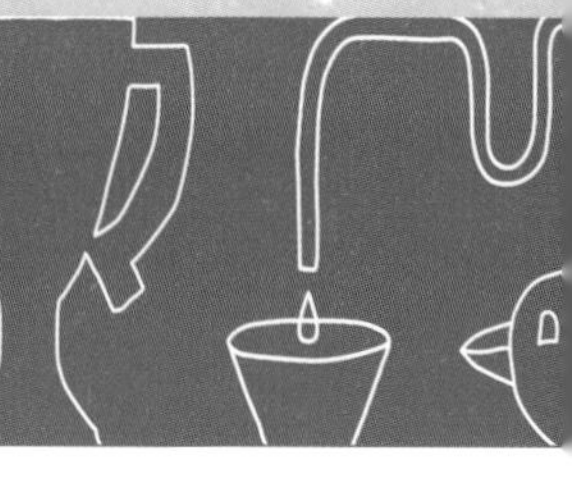

영재교육원 기출

12. 다음 글을 읽고 물음에 답하시오.

☑유창성
☑융통성
☐독창성
☐정교성

젖은 수건으로 온도계의 아랫부분을 감싼 후 5 분간 약한 헤어드라이어 바람으로 열을 주면 온도계의 온도는 오히려 내려간다. 바람을 쐬면 젖은 수건의 수분이 수증기로 변하면서 열을 빼앗아가므로 주변이 시원해진다.

생활 속에서 물의 상태변화를 활용할 수 있는 예를 3 가지 제시하고, 각각의 이유를 설명하시오. (이유를 제시하지 못하면 오답처리) [5 점]

예시 답안 / 평가표 ··········> P. 26

교육청 영재교육원 기출

13. 다음은 청국장을 만드는 과정의 일부이다. 과정을 보고, 물음에 답하시오. [6 점]

☑유창성
☑융통성
☐독창성
☐정교성

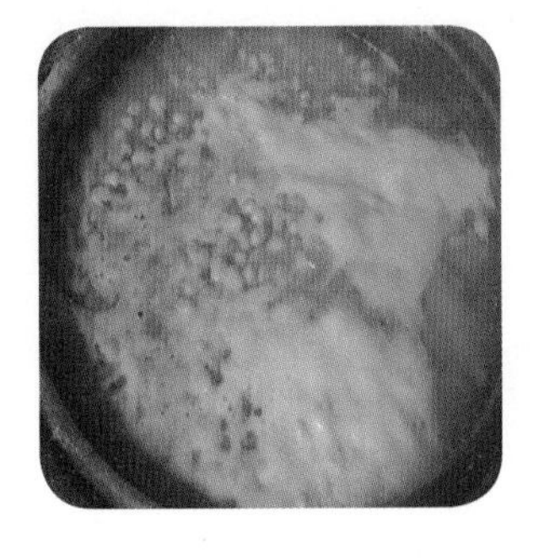

(가) 노란콩을 삶는다.

(나) 삶은 콩 사이에 볏짚을 꽂는다.

(다) 2 ~ 3 일 동안 따뜻한 곳에 보관한다.

(1) (나) 에서 (다) 로 변할 때 일어나는 과학적 원리를 설명하시오. [3 점]

(2) 실생활에서 이와 같은 원리가 적용된 예를 5 가지 쓰시오. [3 점]

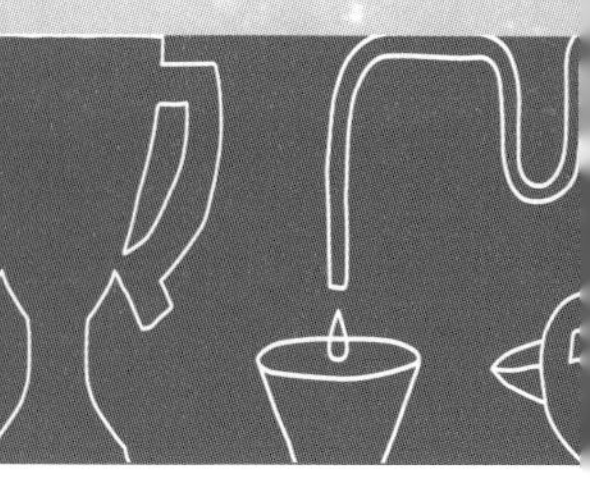

14. 추운 겨울, 무한이 동생은 키우고 있는 금붕어들이 물속에 있어 추울까봐 어항을 뜨거운 전기장판 위에 놓아두었다. 잠시 후, 전기장판 위에 둔 어항에서 금붕어들이 물 밖으로 뻐끔대고 있었다. 그 모습을 본 무한이는 얼른 어항을 책상 위로 옮겼다. 무한이가 어항을 옮긴 이유가 무엇일지 설명해 보시오. [4 점}

- ☐ 유창성
- ☐ 융통성
- ☐ 독창성
- ☑ 정교성

15. 100 kg 나가는 스턴트맨이 와이어에 매달려 있을 때 줄이 4 m 늘어났다. 이 줄을 반으로 자르고, 자른 두 줄을 합쳐 100 kg 의 스턴트맨이 매달렸을 때 늘어나는 줄의 길이는 얼마일지 쓰시오. [5 점]

- ☐ 유창성
- ☐ 융통성
- ☐ 독창성
- ☑ 정교성

예시 답안 / 평가표 ·········> P. 27

16. 다음 글을 읽고 물음에 답하시오. [5 점]

☐ 유창성
☑ 융통성
☑ 독창성
☐ 정교성

도마뱀은 변온동물이다. 체온이 많이 내려가면 피부에 있는 색소세포를 넓게 퍼뜨려서 복사열을 흡수해 체온을 높이며, 체온이 올라가면 호흡수를 늘려 입에서 열을 내보내거나 색소세포를 수축시켜서 열의 흡수를 방지한다. 하지만 외부가 매우 추워지면 신진대사가 어려워 활발하게 활동할 수 없어서 겨울잠을 자고, 열대지방에서는 매우 더워지면 여름잠을 잔다.

▲ 몸의 색을 바꾸는 도마뱀

(1) 변온동물의 반대는 항온동물이고, 사람은 항온동물이다. 사람과 도마뱀의 온도조절 방법의 차이점을 쓰시오. [3 점]

(2) 사람의 몸과 비슷한 방식으로 온도 조절을 하는 실생활 예를 찾아 3 가지 쓰시오. [2 점]

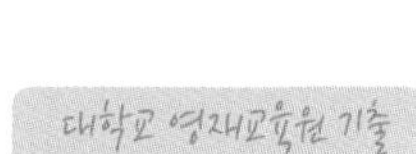

17. 정지해 있던 버스가 갑자기 출발할 때 버스 안 천장에 달린 쇠구슬과 바닥에 끈으로 묶여있는 헬륨 풍선이 각각 어느 방향으로 움직일지 말해보고, 그렇게 생각한 이유를 쓰시오. [6 점]

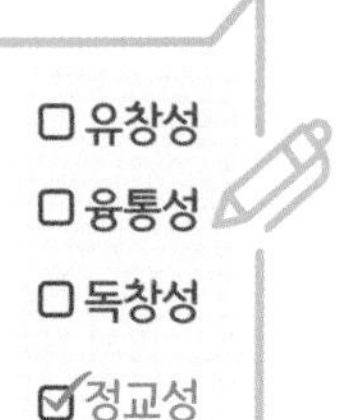

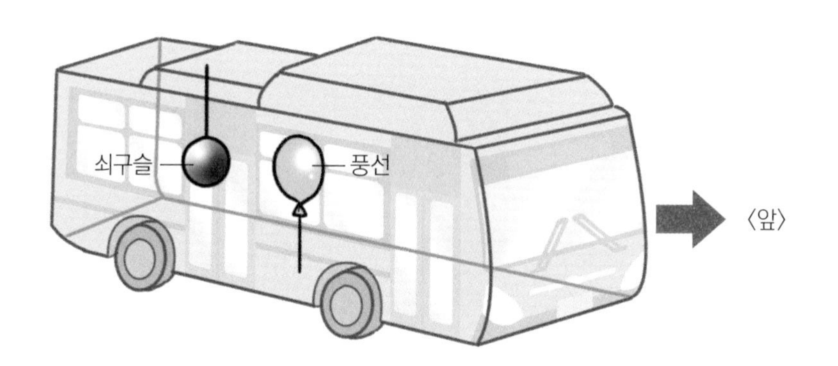

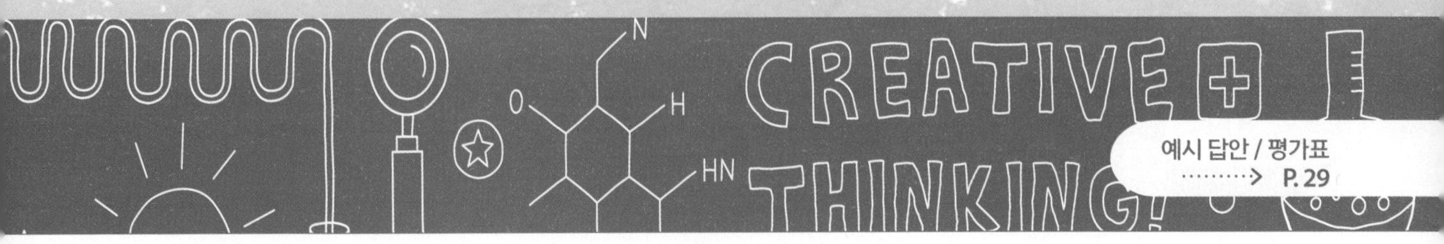

예시 답안 / 평가표
········> P. 29

18. 다음은 옛날 농사꾼이 1 종 지레인 용두레를 이용해 물을 퍼 올리는 모습이다. 세 종류의 지레의 그림을 참고하여 아래 물음에 답하시오.

☑유창성
☑융통성
☐독창성
☑정교성

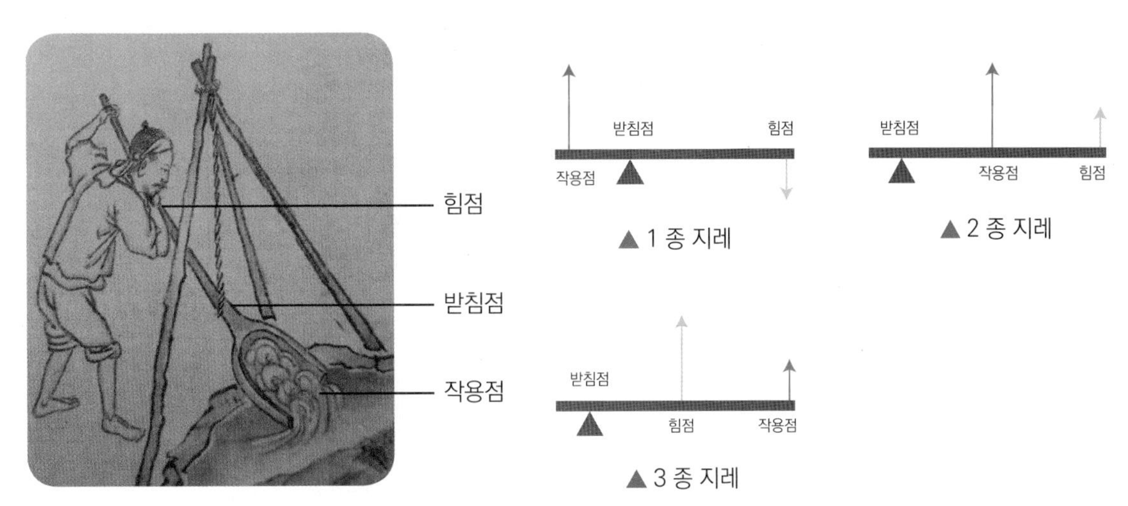

다음 그림들은 어느 종류의 지레인지 쓰고, 그 원리를 이용한 물건에는 무엇이 있는지 한 종류의 지레 당 2 가지의 예를 쓰시오. [6 점]

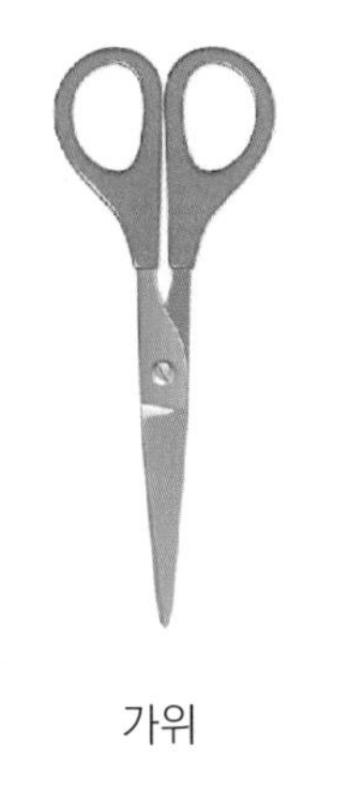
가위

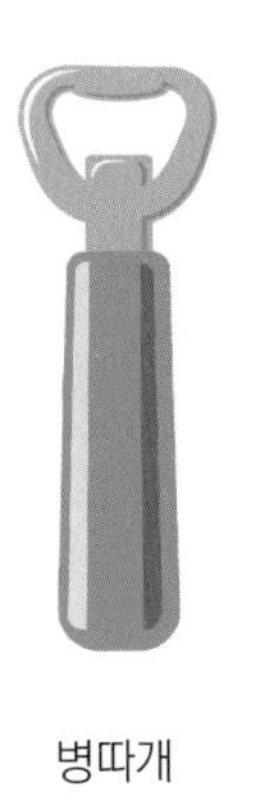
병따개

낚시대

19. 그림은 용수철로 공을 쏘아 올리는 실험 장치이다. 용수철 한쪽 끝을 받침대에 고정한 후, 용수철 위에 공을 올려놓고 손으로 눌렀다가 놓으면 공이 위로 올라간다. 이때 공이 더 높이 올라갈 수 있게 하는 과학적인 방법을 5 가지 이상 쓰시오. [5 점]

- ☐ 유창성
- ☑ 융통성
- ☐ 독창성
- ☑ 정교성

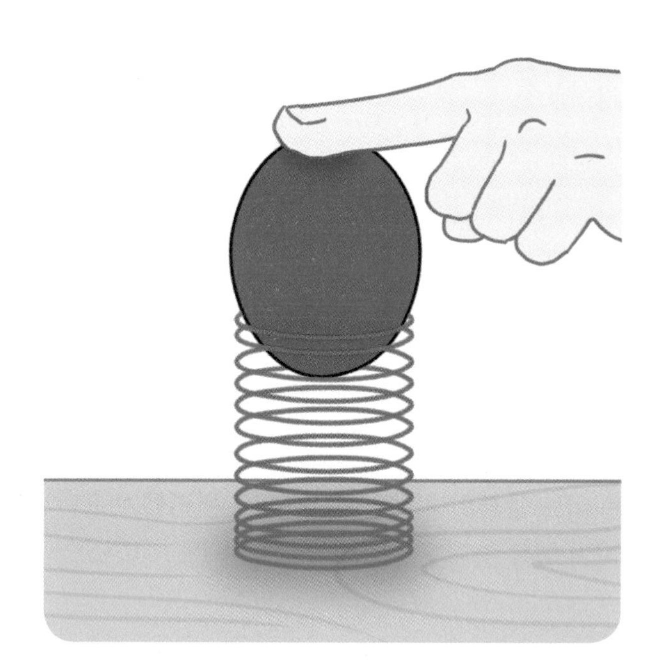

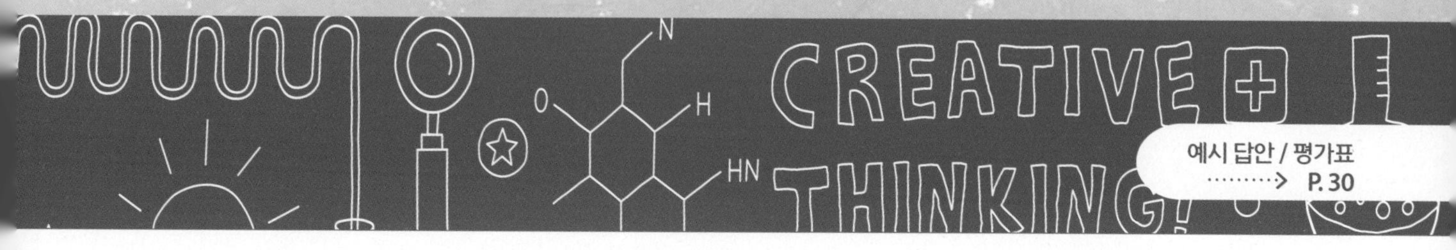

예시 답안 / 평가표
P. 30

20. 힘이 센 무한이가 힘이 약한 상상이에게 줄다리기 내기를 하자고 말했다. 내기에서 지는 사람이 음료수를 사주기로 했다. 힘이 약한 상상이는 자신이 질 게 뻔하다고 생각했다. 그때, 갑자기 무한이를 이길 수 있는 방법이 생각났다. 상상이가 어떤 방법을 생각해 냈을지 쓰고, 왜 그 방법을 쓰면 줄다리기를 이길 수 있는지 설명해 보시오. (단, 무한이에게 해를 입히는 방법은 쓰면 안 된다.) [6 점]

- ☐ 유창성
- ☑ 융통성
- ☑ 독창성
- ☐ 정교성

CREATIVE
THINKING!
BEST
GO
꾸러미 120제

Part 2

창의적 문제해결력
과학 (50문제)

2 창의적 문제해결력 과학

01. 무한이는 종이에 쓰여진 사칙연산 문제를 오목거울에 비춰서 보려고 한다. 다음 물음에 답하시오.

[6 점]

- ☑ 유창성
- ☑ 융통성
- ☐ 독창성
- ☐ 정교성

(1) 무한이가 <보기> 의 사칙연산 문제를 오목 거울에 비췄을 때 어떻게 보이는지 쓰고, 문제의 답을 쓰시오. [3 점]

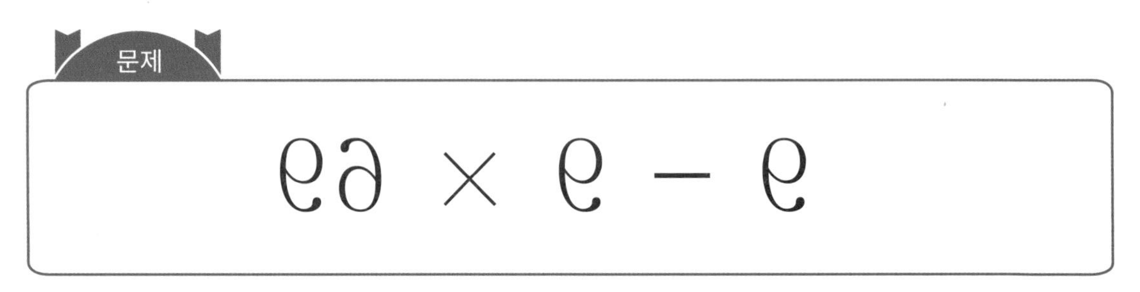

(2) 오목거울에 비친 사칙연산의 식을 최대한 또렷하게 보기 위해서는 어떻게 해야할지 쓰시오. [3 점]

02. 드라마 '미스터 선샤인' 에 나오는 남자 주인공은 조선을 떠나 미국으로 가는 증기선에 올라탔다. 배에는 사람과 먹을 것이 잔뜩 실려있었고, 주인공은 창고에 숨어 미국까지 도착하게 됐다. [4 점]

- ☐ 유창성
- ☑ 융통성
- ☐ 독창성
- ☑ 정교성

▲ '미스터 선샤인'의 배경이 된 시대의 증기선 모습

(1) 만약에 주인공이 탄 증기선이 연료로 쓰던 석탄이 다 떨어졌다면, 석탄 대신 무엇을 연료로 쓸지 3 가지 이상 쓰시오. [2 점]

(2) 배의 연료가 부족해 배 위의 물건을 태우다가 불이 번지기 시작했다. 배에서 타지 않고 남아 있는 것은 무엇일지 2 가지 이상 쓰시오. [2 점]

2 창의적 문제해결력 과학

03. 낮이 긴 봄과 여름에 쑥쑥 잘 자라는 나무를 베면, 나무줄기에 '나이테' 를 볼 수 있다. 나이테는 나무가 몇 년 살았는지 알 수 있는 동그란 원형 띠이다. 다음 물음에 답하시오. [4 점]

☐ 유창성
☐ 융통성
☐ 독창성
☑ 정교성

(1) 무한이가 아버지와 산에 올라 베어진 나무 밑동을 발견했다. 나이테의 개수를 세어보니, 20 개였다. 이 나무는 몇 년을 살았는지 쓰고, 왜 그런지 이유를 쓰시오. [2 점]

(2) 무한이는 아빠와 꽃이 많이 피어있는 곳에 가서 사진을 찍기로 했다. 아빠는 꽃이 많이 피어있는 곳을 찾으려면 나이테 모양을 관찰하면 된다고 했다. 왜 그렇게 말했을지 이유를 쓰시오. [2 점]

정답 및 해설 / 예시 답안 ………… > P. 33

04. 무한이와 친구들은 높은 나무 위에 있는 오두막에서 밥을 먹으면서 놀기로 했다. 무한이 엄마는 밥을 지어 큰 쟁반에 올려놓고 보자기로 싸서, 보자기를 끈으로 묶어 주었다. 다음 물음에 답하시오. [4 점]

□ 유창성
☑ 융통성
□ 독창성
☑ 정교성

(1) 무한이와 친구들이 땅에서 나무 위로 밥을 어떻게 하면 쉽게 올릴 수 있을지 쓰고, 그렇게 생각한 이유를 설명하시오. [2 점]

(2) 밥을 다 먹은 후, 무한이는 그릇을 정리하고 다시 보자기로 싸려고 했다. 그런데 친구가 자신이 싸겠다며 갑자기 무한이가 손에 꼭 쥐고 있던 보자기를 휙 빼앗아 갔다. 보자기가 무한이의 손에서 빠르게 빠져나가며 무한이는 뜨거움을 느꼈다. 왜 뜨거웠을지 과학적 원리를 이용해 설명하시오. [2 점]

05. 몸무게가 40 kgf 인 무한이는 길을 걷다가 한창 촬영 중인 몸무게가 100 kgf 의 강호동 아저씨를 만났다. 다음 물음에 답하시오. [5 점]

☐ 유창성
☐ 융통성
☐ 독창성
☑ 정교성

(1) 강호동 아저씨는 동네의 길을 물을 겸 무한이에게 시소를 타면서 이야기할 수 있는지 물었다. 무한이는 그러기로 하고, 강호동 아저씨가 앉은 반대편에 앉았다. 이때, 자신이 무한이라면 시소를 어떻게 타야 재밌을지, 그렇게 하기 위해서는 어디에 앉으면 좋을지 쓰시오. [2 점]

(2) 시소는 총 11 개의 칸으로 나누어져 있었고, 가장 가운데 칸은 받침점에 연결되어 있다. 강호동 아저씨와 촬영을 끝낸 스태프가 시소 위에 촬영 도구를 올려놓았는데, 무한이와 길을 지나고 있던 상상이에게 촬영 도구가 땅에 떨어지지 않도록 중심을 잘 잡고 있으라고 말했다. 다음 <보기> 를 읽고, 무한이와 상상이 그리고 촬영 도구의 질량은 몇 kgf 인지 쓰시오. [3 점]

보기

ㄱ. 촬영도구는 중간에서 오른쪽으로 1 번째 칸에, 무한이는 중간에서 오른쪽으로 2 번째 칸에, 상상이는 중간에서 왼쪽으로 4 번째 칸에 앉았더니 시소가 수평을 이뤘다.

ㄴ. 무한이와 상상이가 둘이서 시소를 탈 때, 양쪽으로 같은 거리만큼 떨어져 앉으면 수평을 이뤘다.

06. 다음 글을 읽고 물음에 답하시오. [6 점]

- ☐ 유창성
- ☐ 융통성
- ☐ 독창성
- ☑ 정교성

저항의 크기가 다른 두 전구를 병렬로 연결하면 저항의 크기가 큰 쪽에는 적은 전류가 흘러 더 어둡게 빛납니다. 이 원리를 이용한 것이 전압계입니다. 전압계는 회로에 병렬 연결하는데, 전류가 전압계로 많이 흐르는 것을 막기 위하여 내부 저항을 크게 합니다.

(1) 무한이는 학교 가는 길에 전기선이 드러나 있는 고압 전선에 앉아 있는 새를 보고 깜짝 놀랐다. 전기선의 껍질이 벗겨져 있으면 감전되어 위험한데, 그 위에 앉아있어도 새가 감전되지 않는 이유를 위의 글을 참고하여 설명하시오. [3 점]

(2) 아래 두 그림은 각각 크기가 같은 두 저항을 직렬과 병렬로 연결했을 때를 설명하기 위해 그린 그림이다. 직렬 연결과 병렬 연결을 설명한 그림은 각각 어떤 것인지 번호를 쓰고, 그림에서 전압과 전류에 해당하는 것은 무엇일지 쓰시오. [3 점]

①

②

직렬 연결	
병렬 연결	

전압	
전류	

07. 과학 시간에 '에너지 보존 법칙' 에 대해 배운 무한이는 전기를 사용하지 않고, 인형들이 타는 기차형 놀이기구를 만들려고 한다. 다음 물음에 답하시오. [6 점]

☐ 유창성
☑ 융통성
☐ 독창성
☑ 정교성

(1) 무한이는 기차를 힘을 주어 손으로 밀지 않아도 출발할 수 있도록 놀이기구를 설계하려고 한다. 어떻게 설계 해야 할지 '에너지 보존 법칙' 을 이용해 설명하시오. [3 점]

(2) 기차의 앞을 막거나 손을 대지 않고 기차를 멈추는 방법을 2 가지 이상 쓰시오. [3 점]

08. 양분이 저장된 뿌리를 주로 먹는 채소가 있다. 이 채소를 뿌리채소라고 하는데, 뿌리채소는 흙 속의 영양분을 직접 받아 우리 몸에 좋은 영양소를 많이 가지고 있다. 김밥에 들어있는 단무지와 우엉조림도 뿌리채소를 조리한 것이다. [5 점]

☑유창성
☐융통성
☑독창성
☐정교성

(1) 다음 음식 중에서 뿌리채소가 들어간 음식을 모두 고르시오. [2 점]

① 오곡밥
② 인삼차
③ 풋고추와 된장
④ 고구마 케이크
⑤ 빵과 땅콩 버터
⑥ 감자, 양파를 넣은 자장면

(2) 뿌리채소의 공통점을 2 가지 이상 쓰시오. [3 점]

2 창의적 문제해결력 과학

09. 다음 벤자민 프랭클린이 말했던 어릴 적 이야기를 읽고 물음에 답하시오. [5 점]

☐ 유창성
☑ 융통성
☑ 독창성
☐ 정교성

어릴 적 연못에서 수영하던 중 높이 날고 있는 연을 보았습니다. 잠시 후, 저는 수영을 하면서 동시에 연날리기도 하고 싶어졌습니다. 그래서 뭍 위의 말뚝에 묶여 있던 연을 풀어 손에 쥐고 다시 물에 들어갔습니다. 손에 연의 얼레(연실을 감는 도구)를 쥐고 물 위에 눕자, 제 몸은 기분 좋게 물살을 가르며 움직이기 시작했습니다.

(1) 벤자민 프랭클린은 가만히 누웠을 뿐인데 어떻게 연이 몸을 끌 수 있을지 과학적 원리로 설명해 보시오. [2 점]

(2) 어떻게 하면 벤자민 프랭클린이 연을 쥐고 물 위에 누워서 움직이지 않고, 더 빨리 움직일 수 있을지 방법을 2 가지 이상 쓰시오. [3 점]

10. 다음 글을 읽고 물음에 답하시오. [4 점]

☐ 유창성
☐ 융통성
☐ 독창성
☑ 정교성

무한이는 엄마가 일하는 미용실에 놀러갔습니다. 최근에 미용실을 새롭게 단장했는데, 물 위에 장미꽃잎을 띄워놓은 그릇도 있었습니다. 무한이는 엄마와 수다를 떨다가 그만 엄마의 팔을 쳐서 엄마가 쥐고 있던 파마약을 장미꽃잎이 담겨있는 그릇에 떨어뜨리고 말았습니다. 시간이 조금 지난 뒤, ㉠ 장미꽃잎이 파랗게 변하는 것을 볼 수 있었습니다.

손님들이 모두 가고난 뒤, 무한이도 파마를 하기로 했습니다. 파마약을 바르고, 동그란 롤에 머리카락을 말아 모양을 낸 뒤, 중화약을 발랐습니다. ㉡ 중화약을 바르자 무한이는 머리가 따끈따끈해지는 것을 느꼈습니다. 잠시후 머리를 감고 말리자, 머리가 뽀글뽀글해졌습니다.

보기

ㄱ. 비눗물　　ㄴ. 사이다　　ㄷ. 암모니아수　　ㄹ. 레몬즙　　ㅁ. 설탕물

(1) 밑줄 친 ㉠ 과 같이 변하게 하는 것을 <보기> 에서 모두 고르시오. [2 점]

(2) 밑줄 친 ㉡ 의 중화약과 같이 반응할 수 있는 물질을 <보기> 에서 모두 고르시오. [2 점]

2 창의적 문제해결력 과학

11. 꽃은 열매를 맺기 위해서 수분을 한다. 수분이란 바람이나 곤충, 새에 의해 수술의 꽃가루가 암술의 머리까지 옮겨지는 것이다. 아래 사진은 꽃가루를 현미경으로 관찰한 모습이다. 호박꽃은 충매화로 곤충을 매개로 수분을 하기 때문에 곤충의 몸에 달라붙기 쉽게 돌기가 나 있고, 소나무는 풍매화로 바람에 운반되어 수분이 이루어지기 때문에 바람에 잘 날리기 위해 공기주머니가 달려 있다. 꽃가루가 물에 흩어지거나 가라앉으면서 수분이 이루어지는 꽃에는 연꽃이 있고, 꿀을 먹는 새에 의해 수분이 이루어지는 꽃에는 동백나무꽃이 있다.

☐ 유창성
☐ 융통성
☑ 독창성
☑ 정교성

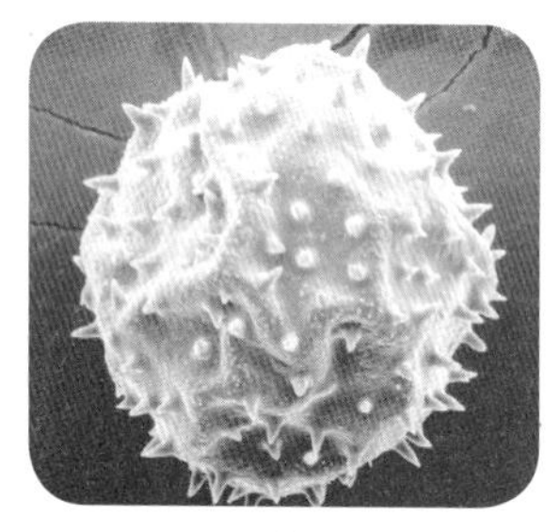
▲ 호박 꽃가루

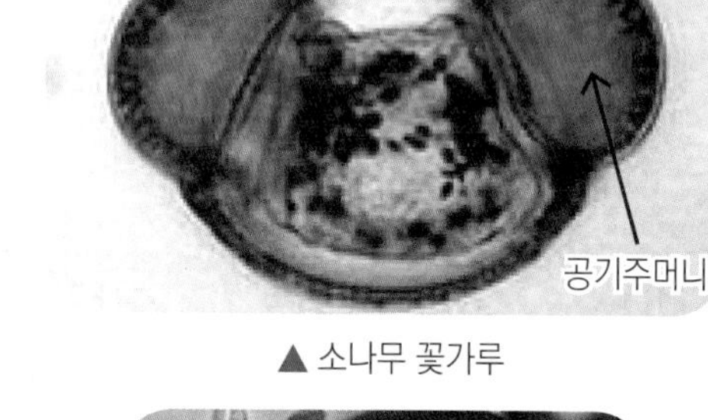

▲ 소나무 꽃가루

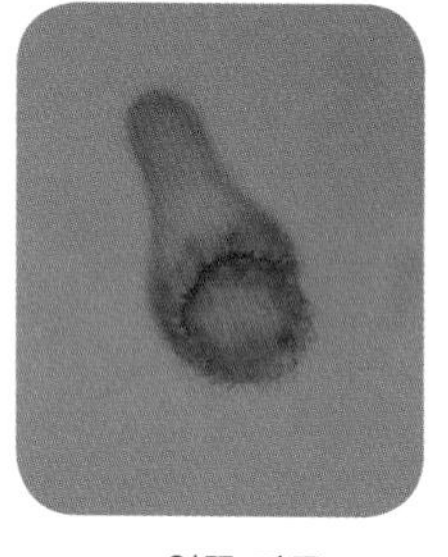
▲ 연꽃 가루

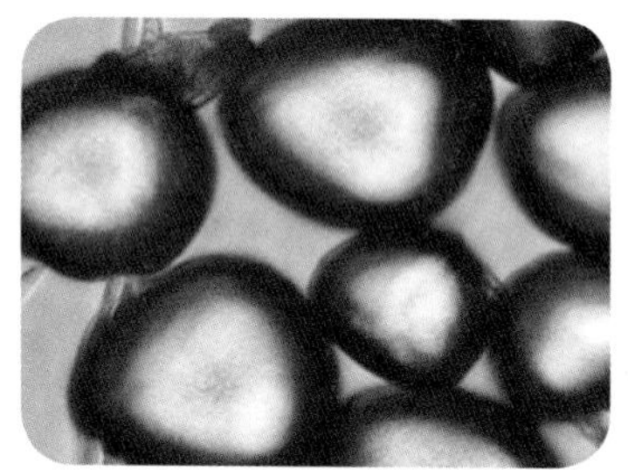
▲ 호박 꽃가루

사막에 사는 선인장의 꽃가루는 어떻게 생겼을지 그려보고, 왜 그렇게 그렸는지 설명하시오.

[4 점]

12. 항공기의 이착륙 및 순항 중 새가 항공기 엔진이나 동체에 부딪히는 것을 '조류 충돌', 혹은 '버드 스트라이크(Bird Strike)' 라고 한다. 새의 충돌은 이륙과 상승, 하강과 착륙 중인 항공기와 부딪힐 때 엄청난 타격을 준다. 항공기 조종실의 유리가 깨지거나 기체가 깨질 수도 있고, 새가 엔진 속으로 들어갔을 경우에는 엔진이 타는 경우도 있다.

[5 점]

☑ 유창성
☐ 융통성
☑ 독창성
☐ 정교성

▲ 조류 충돌 후 항공기의 모습

(1) 우리나라에서 항공기와의 조류 충돌이 가장 많은 새는 종달새이다. 다음 <보기> 에 나오는 종달새에 관한 내용을 참고하여, 종달새와의 충돌을 막기 위해서는 어떻게 하면 좋을지 쓰시오. [2 점]

보기

▲ 종달새

종달새는 한국 전역에서 번식하는 흔한 텃새이자 겨울새로 겨울철 이동 시기에는 30 ~ 40 마리에서 수백 마리씩 겨울을 나는 무리를 곳곳에서 볼 수 있는다. 눈이 내린 뒤에는 무리 지어 행동하는 경향이 더욱 강하고, 봄과 여름에는 암수 함께 생활한다. 주로 농경지(논, 밭 등), 풀밭 등에서 서식한다.

(2) 새는 항공기에 비해 아주 작고, 아무리 빨라도 항공기 속력에 약 1/3 에도 미치지 못한다. 그런데 어떻게 조종실의 유리가 깨지거나 항공기 기체가 깨질 수 있는지 설명하시오. [3 점]

2 창의적 문제해결력 과학

13. 덴마크에서 태어난 한스 크리스찬 에르스텟은 강한 전류가 흐르는 철사 주변의 나침반 바늘이 움직이는 것을 보고, 전류가 자기를 발생시킨다는 것을 발견했다. 전류가 흐르는 직선 도선 주위에는 오른손의 엄지손가락을 전류의 방향을 향하게 하고 나머지 네 손가락으로 도선을 감아쥐었을 때 네 손가락이 가리키는 방향으로 동심원 모양의 자기장이 생긴다. [6 점]

□ 유창성
☑ 융통성
□ 독창성
□ 정교성

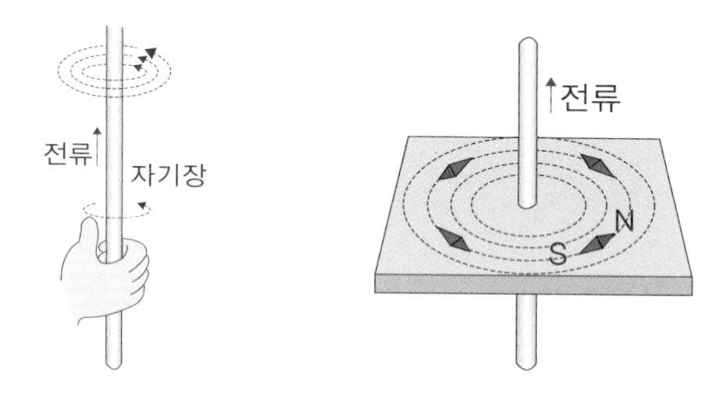

(1) 우리나라에서 무한이가 나침반을 꺼내 보았더니 아래 나침반과 같은 모습이었다. 지구의 N 극과 S 극을 표시하고, 자기력선을 그리시오. [3 점]

(2) 지구에는 수 많은 전선과 자석이 있는데 왜 나침반 N 극은 항상 북쪽을 가리킬지 이유를 쓰시오. [3 점]

정답 및 해설 / 예시 답안 ⋯⋯⋯⋯> P. 39

14. 다음은 '스포츠 심장에 관한 글이다. 다음 글을 읽고 물음에 답하시오. [6 점]

□ 유창성
☑ 융통성
□ 독창성
□ 정교성

운동 중에는 신체의 모든 장기가 많은 혈액을 필요로 합니다. 일반인은 운동 중에 혈액량을 늘리기 위해 심장 박동이 빨라집니다. 심장박동이 빨라지게 되면 호흡곤란이나 흉통 같은 증상이 발생할 수 있습니다. 그러나 '스포츠 심장'을 가진 선수는 ㉠ 심장의 일부 근육이 두꺼워지고, 용량이 커져 있기 때문에 한 번의 심장박동으로 혈액량을 늘릴 수 있습니다. 따라서, 호흡곤란 같은 증상 없이 운동을 오랫동안 할 수 있습니다.

(1) 운동을 하면 왜 심장박동이 빨라지는지 설명하시오. [3 점]

(2) 위 글에서 밑줄 친 ㉠ 심장의 일부는 우심방, 우심실, 좌심방, 좌심실 중 어느 부분을 말하는 것일지 아래의 <보기> 를 참고하여 쓰고, 그렇게 생각한 이유를 쓰시오. [3 점]

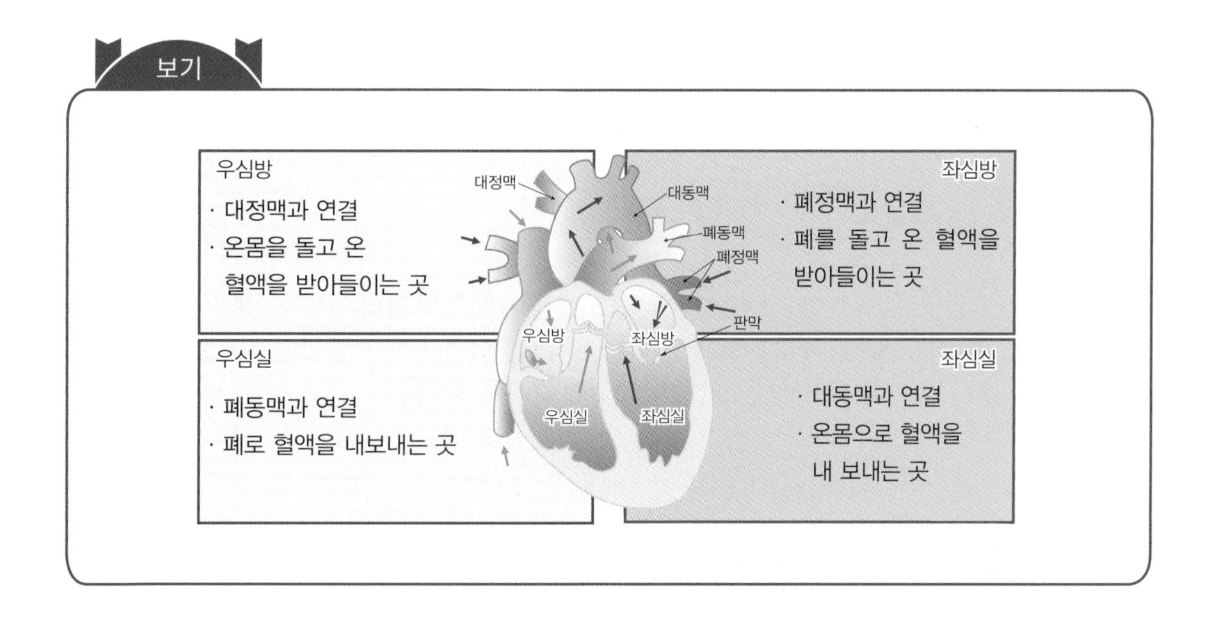

15. 다음 그림과 같이 평평한 바닥에 같은 높이만큼 물이 담겨 있는 그릇이 있다. 물음에 답하시오.

[4 점]

☐ 유창성
☐ 융통성
☐ 독창성
☑ 정교성

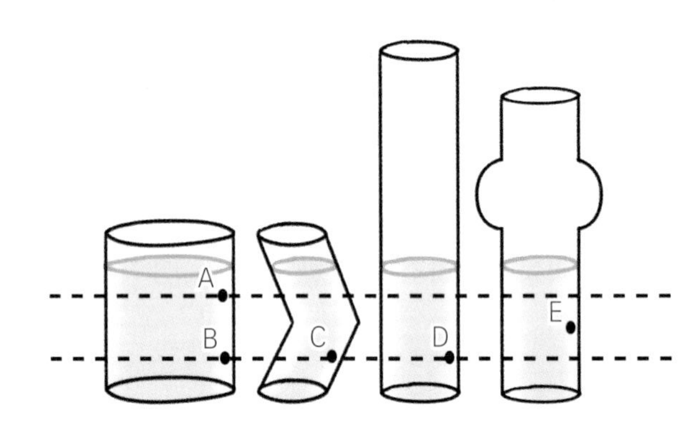

(1) 다음 구멍 A, B, C, D, E 에서 나오는 물줄기가 나아가는 거리를 부등호로 나타내서 비교하시오. (단, '가까운 거리 < 먼 거리' 와 같이 쓴다.) [2 점]

(2) 무한이는 1.5 L 페트병에 구멍을 뚫고 물을 가득 채워 물이 나오게 할때, 어떻게 하면 물이 수평방향으로 먼 곳에 떨어질 수 있게 할 수 있을지 실험하려고 한다. 무한이가 페트병을 들고 있는 위치, 구멍의 크기 등을 고려하여 3 가지 이상 말해 보시오. [2 점]

정답 및 해설 / 예시 답안 ············> P. 40

☑유창성
☐융통성
☐독창성
☑정교성

16. 힘이 약해 혼자서 병을 딸 수 없는 아이들의 자립성을 키워주기 위한 병을 발명하려고 한다. 아이들은 작은 병뚜껑을 잡고 돌릴 힘이 없기 때문에 새로 고안된 병따개의 손잡이를 돌리면 병의 뚜껑을 딸 수 있도록 한다. 병뚜껑은 톱니바퀴 모양이고, 병뚜껑과 맞닿아 있는 병따개의 끝 부분도 톱니바퀴 모양으로 되어있다. 다음 물음에 답하시오. [5 점]

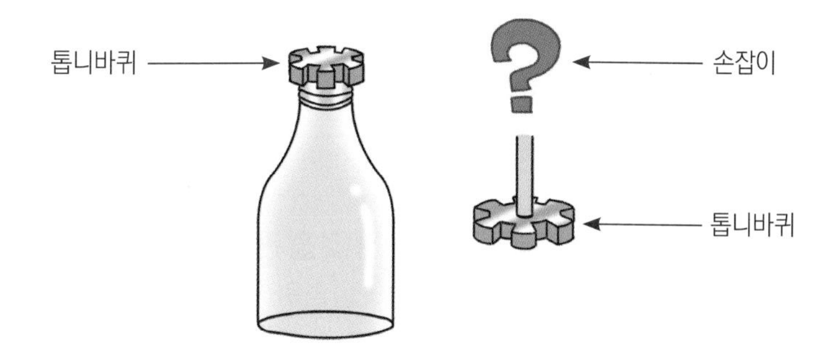

(1) 뚜껑의 돌림 나사처럼 생긴 부분은 다음 나사못 A, B 중 어떤 것과 비슷하게 해야 할지 고르고, 이유를 설명하시오. [2 점]

(2) 뚜껑을 쉽게 따기 위해서는 톱니바퀴를 돌리는 손잡이는 어떤 형태여야 할지 그려보시오. [3 점]

2 창의적 문제해결력 과학

17. 다음 실험은 기체의 팽창에 관한 실험이다. 다음 실험 방법을 보고 물음에 답하시오. [6 점]

☑유창성
☐융통성
☐독창성
☑정교성

보기

(가) 병을 아주 차가운 얼음물에 오랜 시간 담궈 놓는다.

(나) 병의 입구에 입구를 완전히 가리는 동전을 놓는다.

(다) 병 전체를 따뜻한 손으로 감싸거나, 따뜻한 물을 적신 수건으로 감싼다.

(마) 동전의 움직임을 관찰한다.

(1) 위 실험을 통해 병 위의 동전이 들썩이는 것을 관찰했다. 식당에서 뜨거운 국물이 담겨있는 바닥이 오목한 국그릇이 저절로 움직이는 이유를 실험과 연관 지어 설명하시오. [3 점]

(2) 자동차는 엔진 내부의 피스톤이 하강하고, 그 힘을 이용해 바퀴가 굴러가도록 하는 것이다. 엔진의 흡기 벨브를 통해 연료가 들어와 분사되고, 배기 벨브를 통해 연소 후 남은 가스가 밖으로 배출된다. 다음 그림을 보고, 엔진 내부의 피스톤이 밀려나는 과정을 쓰시오. (점화 플러그는 불을 붙이는 기관이다.) [3 점]

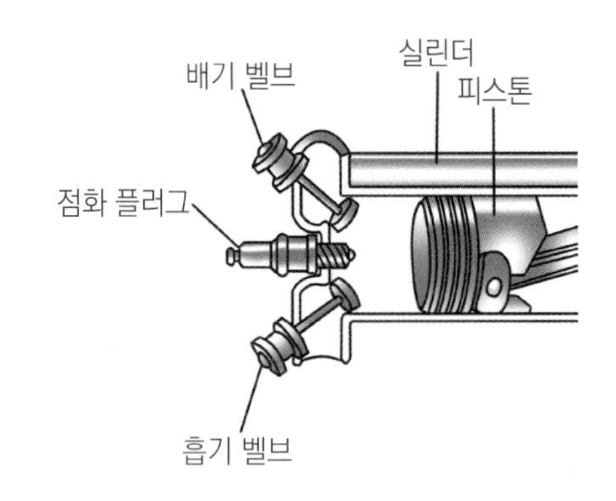

▲ 엔진 내부 모습

정답 및 해설 / 예시 답안 ············> P. 41

18. 다음 그림처럼 세 개의 수조에 소금 양과 물의 양을 달리해 준비한다. 수수깡에는 세 개의 줄을 긋고, 수수깡의 아랫면에 압정을 꽂아 세 개의 수조에 담갔다. 다음 물음에 답하시오. [5 점]

☑유창성
☐융통성
☐독창성
☐정교성

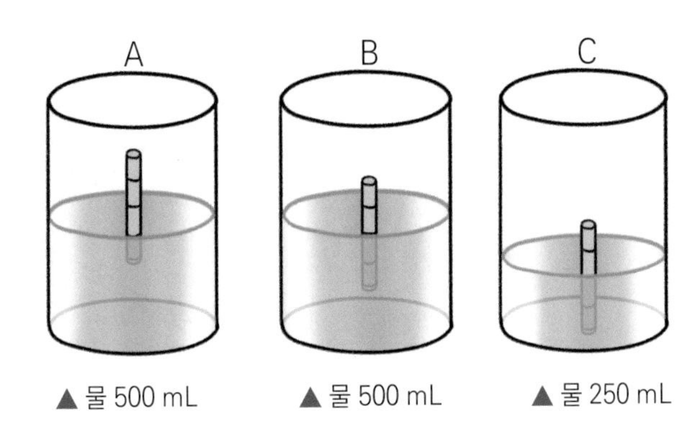

(1) 수조 A, B, C 의 소금양이 많은 순서대로 나열하고, 부등호로 표시하시오. [2 점]

(2) 오른쪽 그림은 우리나라 5 월 주변 바다의 염분을 나타낸 그림이다. 그림을 참고하여 동해와 서해를 통과하는 화물선의 적재량은 어떻게 달라야 할지 쓰고, 이유를 설명하시오. [3 점]

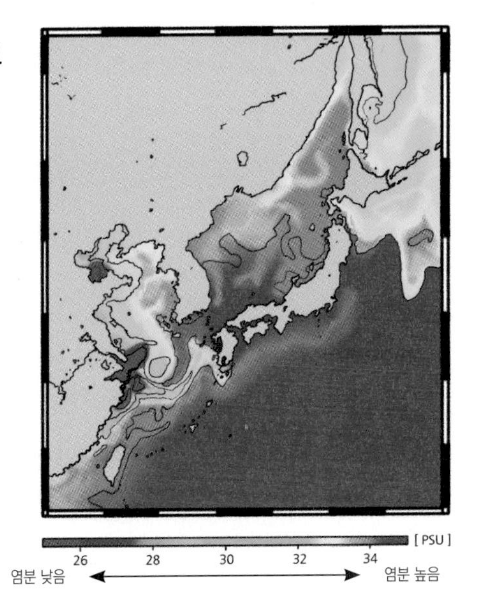

19. 무한이는 친구들과 야구를 하기로 했다. 그런데 친구 중 한 명이 눈병이 나서 한쪽 눈에 안대를 차고 왔다. 이 친구는 홈런을 잘 치는 친구이기 때문에 타자를 하기로 했다. [5 점]

☑유창성
☑융통성
☐독창성
☐정교성

(1) 안대를 낀 친구는 오늘따라 공을 하나도 치지 못했다. 왜 그랬을지 이유를 쓰시오. [2 점]

(2) GPS 는 위성에서 보내는 신호를 수신해 사용자의 현재 위치를 계산하는 시스템이다. 항공기, 선박, 자동차 등의 내비게이션 장치에 주로 쓰이며, 최근에는 스마트폰에도 활용되어 스마트폰을 사용하는 사람이라면 쉽게 자신의 위치를 확인할 수 있게 되었다. GPS를 사용하기 위해서는 최소한 몇 개의 인공위성이 있으면 좋을지 이유와 함께 쓰시오. [3 점]

정답 및 해설 / 예시 답안 ············> P. 42

20. 베두인 족은 아랍어로 '사막에 사는 자들' 이라는 뜻이다. 이들은 검은 염소 털로 짠 '베잇타쉬아르' 라 불리는 텐트를 치고, 헐렁한 검은 옷을 입기도 한다. 낙타를 사육하여 여기저기 옮겨 다니거나 소·양·산양을 방목하기도 한다. [5 점]

☐ 유창성
☑ 융통성
☐ 독창성
☑ 정교성

(1) 검은색은 복사열을 잘 흡수하기 때문에 우리는 겨울에는 짙은 색 옷을 많이 입고, 여름에는 옅은 색 옷을 많이 입는다. 그런데 사막에서 이리저리 옮겨 다니며 생활하는 베두인 족은 왜 검은 염소 털로 짠 텐트를 치고, 헐렁한 검은 옷을 입을지 이유로 알맞은 것을 모두 고르시오. [2 점]

① 흰색 천을 구하기 어렵기 때문이다.

② 사막에서 눈에 잘 띄게 하기 위해서이다.

③ 검은색 옷이 희색 옷보다 더 뜨거워진다는 것을 모르기 때문이다.

④ 검은색 옷을 입으면 땀이 빨리 말라서 상쾌하고 시원하게 느껴지기 때문이다.

⑤ 뜨거워진 공기가 가벼워져 헐렁한 옷의 윗부분으로 빠져나가고 바깥 공기가 안으로 들어오면서 옷 내부에 공기가 순환하기 때문이다.

(2) 햇빛이 강한 여름에 자외선을 차단하기 위해 양산과 모자를 쓸 때는 검은색으로 된 것을 사용하라고 추천한다. 그 이유가 무엇일지 쓰시오. [3 점]

21. 다음 그래프를 보고 물음에 답하시오. [4 점]

☐ 유창성
☑ 융통성
☐ 독창성
☑ 정교성

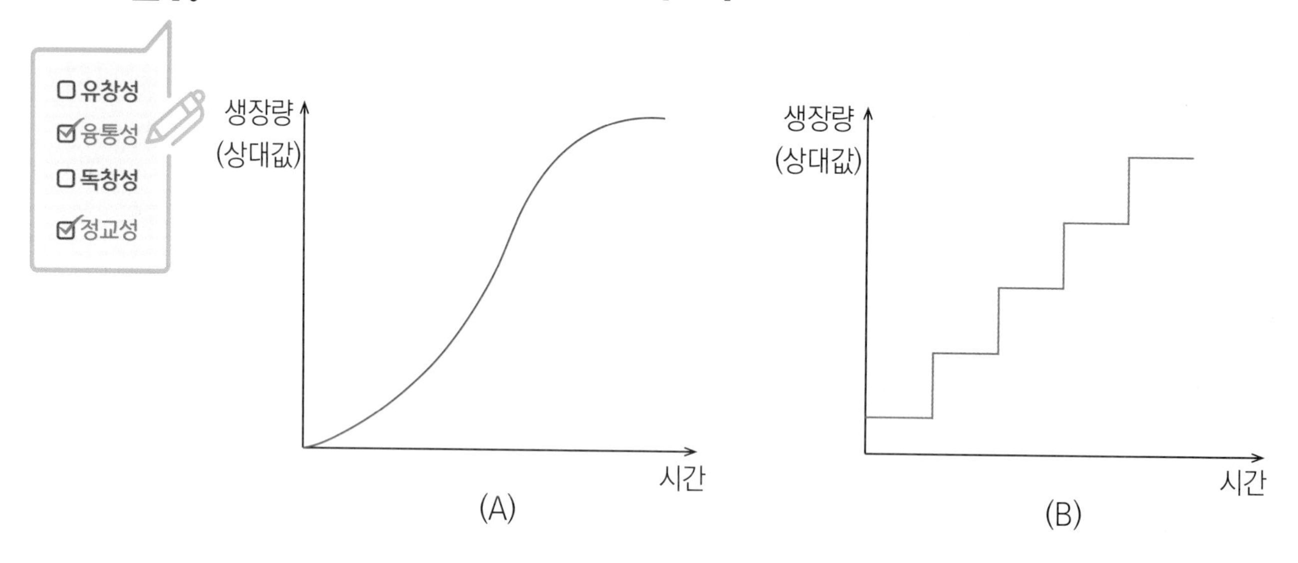

(1) 그래프 (A), (B) 중 하나는 척추동물의 생장 곡선이고, 다른 하나는 딱딱한 외골격을 가지면서 주기적으로 탈피를 하는 동물의 생장 곡선이다. 그래프 (A), (B) 중 각각 어느 것이 척추동물 혹은 탈피를 하는 동물의 생장 곡선일지 쓰시오. [2 점]

척추동물	
탈피를 하는 동물	

(2) 그래프 (A), (B) 와 비슷한 경향의 곡선을 띠는 생활 속의 현상에는 무엇이 있을지 각각 한 가지씩 쓰시오. [2 점]

정답 및 해설 / 예시 답안 ··········> P. 43

22. 다음 <보기> 는 열의 이동 방법에 대한 설명이다. 참고하여 다음 물음에 답하시오. [5 점]

□ 유창성
☑ 융통성
□ 독창성
☑ 정교성

보기

열의 이동 방법에는 전도, 대류, 복사 세 가지가 있다. 전도는 열이 물체를 통해 이동하는 현상을 말하고, 대류는 상대적으로 뜨거운 물질 자체가 차가운 물질로 이동하여 열이 이동하는 현상을 말한다. 복사는 열을 전달하는 물질이 없다. 열이 전자기파(전자파)의 형태로 매질없이 이동을 하는 것을 복사 현상이라고 한다.

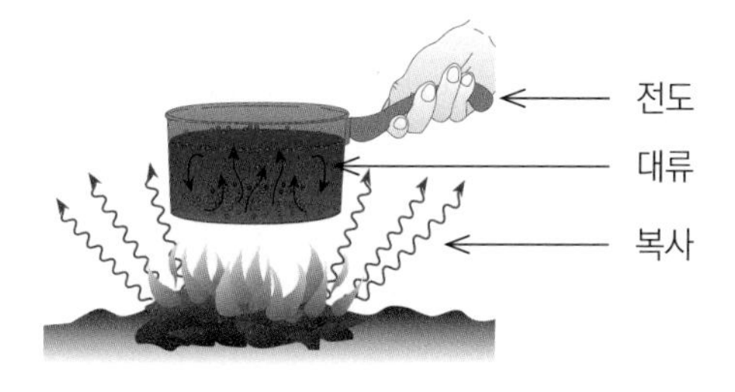

(1) 과학 시간에 열의 이동 방법에 대한 설명을 들은 선영이는 추운 날 눈이 내린 길가에 있던 바위가 생각났다. 이 바위도 과연 전자기파 형태로 열을 내보내고 있을지 과학적으로 설명하시오. [3 점]

(2) 선영이는 추운 겨울 교실의 전기 히터 앞에 앉아서 따뜻하게 있었는데, 덩치가 큰 혜원이가 전열기를 가로막고 선영이 앞에 서서 말을 걸어왔다. 이때 선영이는 추워졌다. 선영이는 왜 추워졌는지 쓰고, 시간이 지난 후에도 계속 추위를 느꼈을지 열의 이동 방법을 이용해 설명하시오. [2 점]

2 창의적 문제해결력 과학

23. 다음은 표면장력에 관한 글이다. 글을 참고하여 물음에 답하시오. [6 점]

□ 유창성
☑ 융통성
□ 독창성
☑ 정교성

눈금 실린더로 수은 부피를 측정할 때 수은이 위로 볼록하게 올라온 부분에 눈을 수평으로 맞추고 눈금을 읽어야 합니다. 수은이 위로 볼록하게 올라오는 이유는 표면장력 때문입니다. 표면장력이란 물과 같은 액체가 서로 강하게 붙어있으려고 하는 성질 때문에 표면이 탄력 있는 막처럼 만드는 힘을 말합니다. 표면장력이 강한 액체는 자신들끼리 더 붙어있고, 외부의 다른 물질과 덜 접촉하기 위해 표면적을 최소화하는 공모양을 유지하려고 합니다. 표면장력이 강한 수은은 공기와 눈금 실린더와의 접촉을 최소화 하기위해서 위로 볼록한 모양이 됩니다.

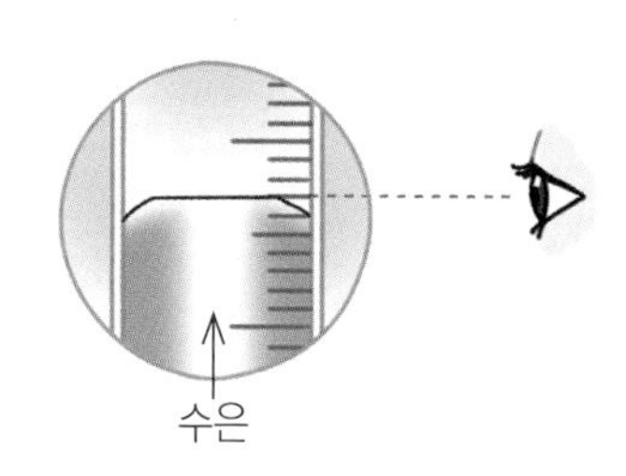

(1) 빗방울이 떨어질 때 어떤 모습을 하고 있을지 그려 보고, 그렇게 생각한 이유도 함께 쓰시오. [3 점]

(2) 영재는 빨대를 불어 물방울을 만들려고 하는데 물방울이 자꾸 터졌다. 엄마에게 도움을 요청하니, 엄마는 설거지할 때 쓰는 세제를 물에 섞어줬다. 그러자 물방울이 크게 잘 불어졌다. 이러한 현상이 나타난 이유를 표면장력으로 설명하시오. [3 점]

정답 및 해설 / 예시 답안 ············> P. 45

24. 무한이는 아래의 그림처럼 색종이에 정사각형 한 꼭짓점에서 정사각형 한 모서리 중간을 지나는 선을 그었다. 그리고 아래 거울 두 개를 수직으로 놓았다. 다음 물음에 답하시오. [5 점]

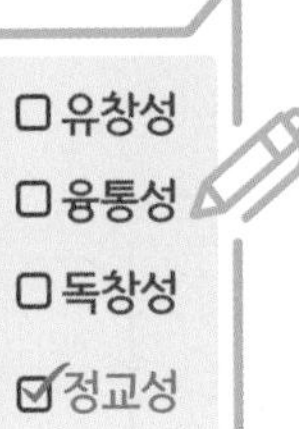

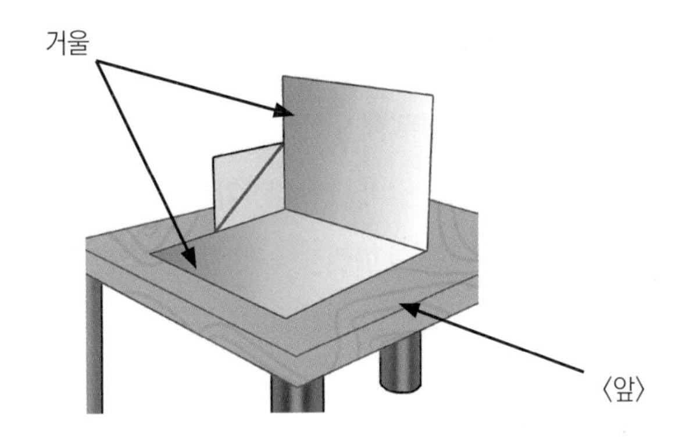

(1) 무한이가 앞에서 봤을 때 어떤 모양이 보였을지 위 그림에 그려보시오. [2 점]

(2) 그림과 거울의 위치를 다음과 같이 바꿨을 경우 무한이는 거울 사이에서 오른쪽 거울을 봤을 때 몇 개의 선을 볼 수 있을지 말해 보고, 왜 그렇게 보일지 설명하시오. (단, 거울 면은 색종이 면과 직각이다.) [3 점]

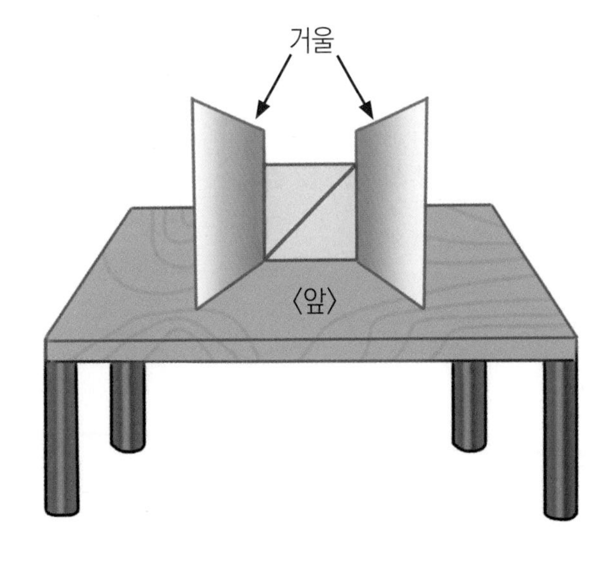

2 창의적 문제해결력 과학

25. 다음 <보기> 를 보고 물음에 답하시오. [4 점]

□ 유창성
□ 융통성
☑ 독창성
☑ 정교성

보기

ㄱ. 소금을 넣고 저어서 투명해진 물

ㄴ. 할머니가 맷돌로 직접 갈아 만든 미숫가루를 탄 우유

ㄷ. 후추와 소금으로 간을 한 따뜻한 곰국

ㄹ. 물과 설탕을 1:1 비율로 넣어 끓여 만든 액체 시럽

ㅁ. 운동 후에 마시는 이온음료

ㅂ. 알로에 과육이 씹히는 알로에 주스

(1) <보기> 에서 용액을 모두 골라 기호를 쓰시오. [2 점]

(2) 용액의 특징을 2 가지 이상 쓰시오. [2 점]

정답 및 해설 / 예시 답안 ··········> P. 46

26. 상어 머리에는 '로렌치니 기관' 이라는 전류를 감지하는 기관이 있어 이것을 사용해서 작은 물고기에서 나오는 아주 약한 전류를 느껴 먹이를 사냥한다. 하지만 건전지에서 나오는 전류는 작은 물고기의 3000 배이기 때문에 상어가 놀라서 도망친다. 바다에서 1.5 V 의 건전지를 가지고 있다면 1 분 정도, 1.2 V 건전지를 가지고 있다면 20 초 정도만 상어를 위협할 수 있다. [5 점]

☑유창성
☐융통성
☐독창성
☑정교성

(1) 상어는 어떻게 물고기가 내보내는 아주 약한 전류를 전선이 없는 바다에서 느낄 수 있을지 쓰시오. [2 점]

(2) 1.5 V 짜리 건전지로 왜 1 분 정도만 상어를 위협할 수 있을지 쓰시오. [3 점]

2 창의적 문제해결력 과학

27. 훈영이는 학교가 끝나고 집에 가려고 했는데, 나와 보니 비가 많이 오고 있었다. 그런데 훈영이는 우산을 가지고 오지 않았다. 집에 남겨놓은 아이스크림을 동생이 다 먹어버릴까 봐 조급해진 훈영이는 학교 정문 앞에 버려진 우산 중 하나를 주워서 쓰고 가기로 했다. 다음 <보기> 의 그림을 참고해 물음에 답하시오. [5 점]

- ☐ 유창성
- ☐ 융통성
- ☐ 독창성
- ☑ 정교성

보기

(1) 훈영이가 우산을 쓰고 빨리 걸어가려고 한다. 이때, <보기> 의 그림 ㄱ, ㄴ, ㄷ 중 비를 덜 맞을 수 있는 모습과 그렇게 생각한 이유를 쓰시오. (단, 바람은 불지 않고 비만 내리고 있었다.) [2 점]

(2) 훈영이 짝꿍 조영이도 우산을 가지고 오지 않았다. 훈영이는 조영이에게 같이 우산을 주워서 쓰고 가자고 했는데, 조영이는 뛰어서 가면 걸어가는 것보다 비를 덜 맞으니 그냥 우산을 쓰지 않고 집까지 뛰어 가겠다고 말했다. 조영이 말이 맞는지 말해보고, 그렇게 생각한 이유를 쓰시오. (단, 바람은 불지 않고 비만 내리고 있었다.) [3 점]

정답 및 해설 / 예시 답안 ············> P.47

28. 준모는 가족들과 함께 제주도 여행을 가기로 했다. 준모는 비행기 안에서 배고플 것을 대비해서 마시멜로가 들어가있는 초코파이 한 봉지를 들고 탔다. 비행기가 하늘 위로 올라가자, 초코파이 봉지가 점점 부풀어 오른 것을 보았다. 몇 시간이 지난 후, 제주도에 도착해서 초코파이 봉지를 꺼내보니 다시 원래대로 돌아와 있었다. 다음 물음에 답하시오. [4 점]

- ☐ 유창성
- ☐ 융통성
- ☑ 독창성
- ☑ 정교성

(1) 준모는 초코파이를 먹기 위해 봉지를 뜯었다. 봉지를 뜯어보니, 초코파이 옆면에 금이 가 있었다. 왜 그랬을지 이유를 쓰시오. [2 점]

(2) 준모는 초코파이를 외국에 사는 친척에게 비행기 우편으로 보내려고 한다. 하지만 제주도 여행 때 옆면에 금이 가 있던 초코파이 모습이 떠올랐다. 어떻게 하면 준모는 초코파이에 금이 가지 않도록 택배를 보낼 수 있을지 방법을 2 가지 이상 쓰시오. [2 점]

2 창의적 문제해결력 과학

29. 다음 규태가 쓴 일기를 읽고, 물음에 답하시오.

☑유창성
☐융통성
☐독창성
☑정교성

오늘은 시골 할머니 댁에 놀러 왔다. 할머니께서 오늘은 날이 맑아 할머니 집 뒤에 있는 언덕에 올라가면 별이 많이 보일 거라고 했다. 나는 저녁을 먹고 깜깜해 졌을 때, 엄마랑 아빠랑 언덕에 올라가서 하늘을 바라보았다. 하늘에는 별이 쏟아질 듯이 많았는데, 그 중에 하얀 별 하나와 빨간 별 하나가 눈에 띄었다. 엄마랑 아빠가 너무 조용해서 나는 적막을 깨기 위해 말을 걸었다.
"엄마, 아빠! 저기 밝은 하얀 별하고 빨간 별 보여? 둘 다 저렇게나 밝은 걸 보니깐 지구에서 멀지 않은 별들인가 봐! 빨간 별은 진짜 뜨거울 거야 하얀 별은 시원하고, 그지?"
내 말을 듣고 엄마는 실망한 표정으로,
"너 정말 공부는 안 하고 게임만 하는구나? 그래도 과학 공부는 열심히 하고 있는줄 알았는데... 안 되겠다. 내일 얼른 집으로 올라가서 숙제랑 공부 다 끝내!"
라고 한심하다는 듯이 말했다.
괜히 엄마 아빠한테 말을 걸어서 후회되는 하루였다.

밑줄 친 규태의 말에 과학적으로 틀린 부분이 두 군데 있다. 어떤 틀린 부분과 틀린 이유를 쓰시오. [4 점]

	틀린 부분	틀린 이유
1		
2		

정답 및 해설 / 예시 답안 ⋯⋯⋯⋯> P. 48

30. 동물들은 자신이 처한 환경과 몸의 구조에 따라 자는 시간과 잠자는 자세가 정해진다. 다음 글을 읽고 물음에 답하시오.

- ☐ 유창성
- ☑ 융통성
- ☐ 독창성
- ☐ 정교성

코알라는 하루에 22 시간이나 잔다. 여름에는 몸을 숨길 수 있는 잎이 많은 나무 위에서 잠을 자고, 추운 겨울이 되면 적당히 높고 추위로부터 몸을 보호할 수 있는 잎과 가지가 무성한 나무 위에서 잠을 잔다. 나무 위에서는 포식자를 피할 수 있어 수면시간이 길어도 생존할 수 있다.

그에 비해 기린은 하루 평균 2 시간 정도 잔다고 알려졌지만, 실제 야생에서는 하루 20 분만 자며 살아간다고 한다. 하루종일 먹이를 찾아다녀야 하고, 잠을 오래 자면 육식 동물의 습격을 피할 수 없기 때문이다. 기린은 잠을 자는 자세도 특이하다. 잠깐 눈을 붙일 때는 서서 자고, 편안하게 누워서 잘 때는 몸을 웅크리고 긴 목을 구부려 자신의 몸을 베개 삼는다.

다리와 날개가 앙상한 박쥐는 나뭇가지나 동굴에 거꾸로 매달려 날개로 눈을 감싸고 잠을 잔다. 박쥐가 이런 모습으로 잠을 자는 이유가 무엇일지 쓰시오. [4 점]

우리가 이렇게 자는 것도
다 이유가 있다구!

2 창의적 문제해결력 과학

31. 무한이, 상상이, 알탐이는 각각 나무로 된 상자, 유리로 된 상자, 금속으로 된 상자를 준비했다. 상자에 얼음을 동시에 넣었다가 꺼냈을 때, 얼음이 가장 많이 녹아있는 사람이 가장 적게 녹아있는 사람에게 아이스크림을 사주기로 했다. 다음과 같은 조건에서 누가 아이스크림을 사서 누구에게 아이스크림을 주었을지 쓰시오. [4 점]

- ☐ 유창성
- ☐ 융통성
- ☐ 독창성
- ☑ 정교성

보기

▲ 나무로 된 상자 ▲ 유리로 된 상자 ▲ 금속으로 된 상자

① 무한이는 나무로 된 상자, 상상이는 유리로 된 상자, 알탐이는 금속으로 된 상자를 골랐다.

② 상자와 얼음의 모양과 크기는 모두 같았다.

정답 및 해설 / 예시 답안 ············> P. 49

32. 등껍질이 평평한 거북이나 자라는 몸이 뒤집혔을 때, 긴 목을 이용해 자신의 몸을 뒤집는다. 하지만 등껍질이 돔 모양으로 둥글게 되어 있는 거북이는 목과 팔다리가 짧아 팔다리를 이용해 몸을 뒤집는다.

☑유창성
☐융통성
☐독창성
☑정교성

▲ 등껍질이 평평한 거북이

▲ 등껍질이 평평한 자라

▲ 등껍질이 둥근 거북이

등껍질이 둥근 거북이가 몸을 뒤집는 방법을 설명하고, 팔다리를 흔들어 몸을 뒤집을 수 있는 이유를 과학적으로 설명하시오. [5 점]

33. 다음 정반사와 난반사에 관한 설명을 읽고, 물음에 답하시오. [6 점]

- [ ] 유창성
- [x] 융통성
- [ ] 독창성
- [x] 정교성

정반사는 거울처럼 매끈한 표면에 빛이 일정한 각을 가지고 반사하는 것을 말한다. 난반사는 표면이 거칠어서 반사되는 광선들의 방향이 일정하지 못한 것을 말한다. 종이는 거칠거칠한 표면을 가지고 있어서 빛이 난반사하기 때문에 거울과 달리 종이로는 우리 얼굴을 비춰볼 수 없다. 하지만 영화관의 영사기를 종이에 영사하면 영화를 볼 수 있는 것은 난반사 덕분이다.

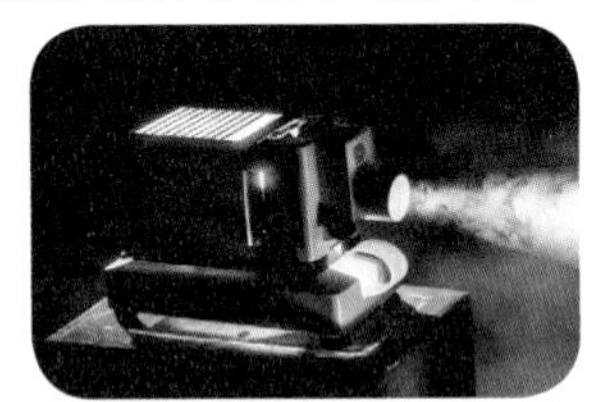

▲ 영화관 영사기

(1) 햇빛이 내리쬐는 한낮에 호수의 표면을 보면 보석처럼 반짝 거려 보이는 이유가 무엇일지 쓰시오. [3 점]

(2) 정반사를 하는 물건의 공통점을 쓰시오. [3 점]

34. 한 남자가 크루즈 여행을 하는 도중 배가 난파되었다. 이 남자는 떠다니던 나무판자에 몸을 누이고 망망대해를 표류하게 되었다. 먹을 것도 없고 삶에 희망이 없어진 남자는 나무판자가 가는 대로 떠다니기로 마음을 먹고, 노 젓기를 포기했다. [6 점]

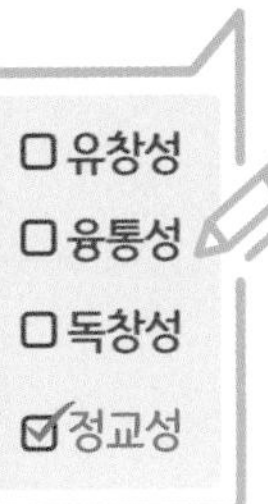

(1) 이 남자는 나무판자 위에 가만히 누워있어도 어디론가 떠서 갈 수 있다. 노를 젓지 않아도 이동할 수 있는 이유가 무엇인지 쓰시오. [3 점]

(2) 이 남자가 정지해 있을 때 멀리서 큰 배가 지나가서 바다가 일렁였다. 일렁거리는 물결이 파도처럼 남자에게 다가왔다면 바다의 일렁임은 남자를 앞으로 나아가도록 할 수 있을지 쓰고, 그렇게 생각한 이유를 설명하시오. [3 점]

2 창의적 문제해결력 과학

35. 영재는 반 친구들과 함께 스케이트장에 놀러 갔다. 스케이트장의 얼음 표면은 아주 매끄러웠다. 다음 상황에 대한 질문에 답하시오. [6 점]

□ 유창성
□ 융통성
□ 독창성
☑ 정교성

(1) 스케이트장 한가운데에 아주 큰 석상이 있었다. 영재는 석상이 무겁기 때문에 땅 위에서는 마찰력이 커서 끌 수 없지만, 스케이트장의 얼음은 아주 매끄럽기 때문에 잘 끌릴 것이라고 생각했다. 그래서 영재는 힘을 주어 석상을 끌어 보았다. 하지만 석상은 끌려오지 않고 오히려 영재가 미끄러져 넘어졌다. 왜 석상은 끌려오지 않고 영재가 넘어졌는지 설명해 보시오. [3 점]

(2) 영재와 영재의 반 친구 무한이는 스케이트장에서 서로 손을 맞대고 같은 힘으로 동시에 밀었다. 영재 질량이 25 kg, 무한이 질량이 35 kg 이라면, 다음 ①, ②, ③ 상황 중 무한이는 언제 뒤로 가장 많이 밀린 후 정지했을지 쓰시오. [3 점]

① 무한이가 10 N 의 힘으로 영재를 밀었을 때

② 영재가 10 N 의 힘으로 무한이를 밀었을 때

③ 무한이와 영재가 서로를 10 N 의 힘으로 동시에 밀었을 때

정답 및 해설 / 예시 답안 ⋯⋯⋯⋯> P. 51

36. 로힝야족과 방글라데시 난민들은 동남아시아 버마해를 표류한다. 버마해 주변 국가인 타이, 말레이시아, 인도네시아는 난민들을 자국 영해에서 내쫓아 난민들은 작은 배 안에서 마실 물이 없어 자신의 오줌을 마시며 버티고, 숨지는 이도 있다고 한다. [4 점]

☑ 유창성
☐ 융통성
☐ 독창성
☑ 정교성

▲ 난민들이 버마해를 표류하는 모습

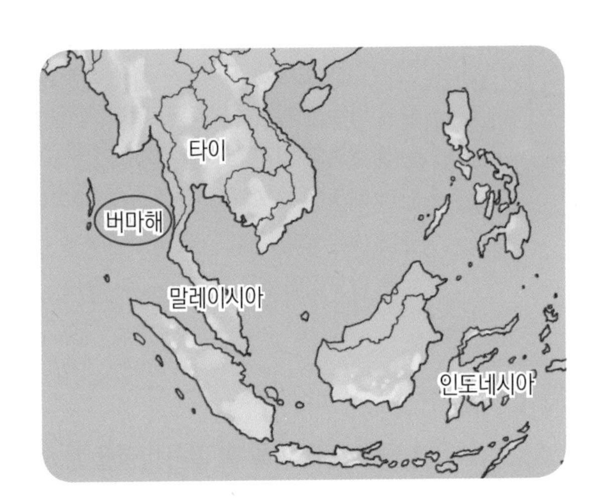

(1) 바다는 온통 물로 되어 있는데도 난민들은 바닷물을 마시지 않고 탈수로 목숨을 잃었다. 왜 바닷물을 마시면 안 될지 구체적으로 쓰시오. [2 점]

(2) 타이 해군은 2015 년 5 월 14 일 이들을 발견하고, 구호 물품을 전달하고 타이 영해에서 내쫓았다고 한다. 난민들에게 전달할 구호 물품에 있는 물은 어떤 물이 좋을지 설명하시오. [2 점]

2 창의적 문제해결력 과학

37. 다음 글을 읽고, 물음에 답하시오. [5 점]

☐ 유창성
☐ 융통성
☐ 독창성
☑ 정교성

잠을 자는 도중 모기가 피를 빨면 우리는 대부분 눈치채지 못한다. 그 이유는 모기의 침에는 마취 성분이 들어있기 때문이다. 모기가 물린 자리는 빨갛게 부어오르고 가려움을 느끼는데, 가렵지 않으려고 침을 바르는 사람들이 가끔 있다. 침을 바르는 것이 가려움증을 없애는데 효과가 있긴 하지만, 침에 있는 세균이 상처를 더 악화시킬 수 있기 때문에 자제하는 것이 좋다. 모기에 물렸을 때는 흐르는 물에 깨끗이 씻은 후 얼음찜질로 혈액순환을 억제하거나 알칼리성 용액인 묽은 암모니아수를 바르는 것이 좋다.

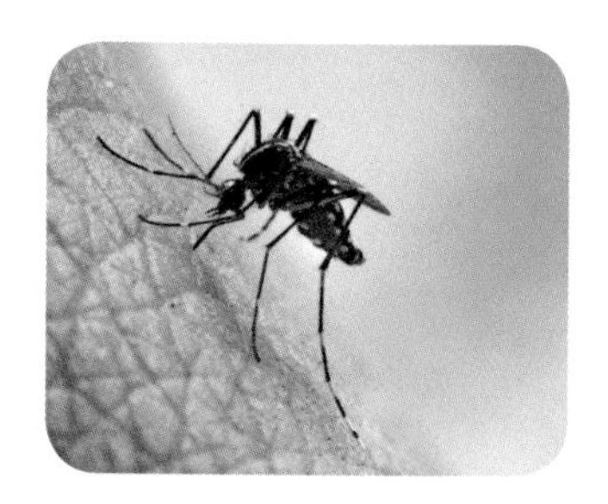

▲ 모기가 피를 빠는 모습

(1) 왜 모기에 물렸을 때 얼음찜질을 해서 혈액순환을 억제하는 것이 좋을까? [2 점]

(2) 모기 물린 상처에 침이나 묽은 암모니아수를 바르면 가려움증을 없애는 데에 도움을 준다. 그 이유는 무엇일까? [3 점]

정답 및 해설 / 예시 답안 ············> P. 52

38. 선영이와 혜원이가 피자와 햄버거를 잔뜩 먹고 누워있었다. 혜원이는 소화가 안 된다며 냉장고로 가서 콜라를 찾아 마셨다. 그러자 선영이는 콜라는 소화를 돕지 않는다며 많이 마시지 말라고 말했다. 다음 물음에 답하시오. [5 점]

□ 유창성
□ 융통성
□ 독창성
☑ 정교성

(1) 선영이는 왜 콜라가 소화를 돕지 않는다고 말했는지 설명하시오. [3 점]

(2) 탄산음료를 먹으면 트림이 나오는 이유를 쓰시오. [2 점]

2 창의적 문제해결력 과학

39. 무한이는 기차를 타고 가족과 함께 여행을 떠났다. 문을 닫은 기찻길에서 사진도 찍었는데, 철길 밑에 깔린 돌 때문에 발이 아팠다. 별 도움도 안 되는데 왜 돌을 까는지 모르겠다며 투덜대자, 아빠는 다 이유가 있다고 말했다. [5 점]

□ 유창성
☑ 융통성
□ 독창성
☑ 정교성

(1) 철길 밑에 돌을 까는 이유를 2 가지 이상 쓰시오. [2 점]

(2) 기찻길의 레일 사이에는 나무로 된 판자가 가로로 두 레일을 잇고 있다. 이 부분을 금속이 아닌 나무로 한 이유는 무엇일까? [3 점]

정답 및 해설 / 예시 답안 ············> P. 53

40. 상상이는 화이트데이를 맞아 엄마에게 사탕을 만들어 주려고 한다. 다음 <보기> 를 보고, 물음에 답하시오. [5 점]

☐ 유창성
☐ 융통성
☐ 독창성
☑ 정교성

보기

① 막대기에 물을 조금 묻힌 뒤 표면에 설탕을 골고루 묻히고 잘 말린다.

② 물 한 컵에 설탕 세 컵을 넣고 설탕이 모두 녹을 때까지 가열하면서 저어 준다.

③ 가열한 설탕 용액에 식용색소를 넣어 준 뒤 긴 컵에 옮겨 담는다.

④ 설탕 용액에 설탕을 묻힌 막대기를 담그고 잘 고정시켜 준다.

⑤ 3 ~ 4 일 후 막대기를 꺼낸다.

▲ 보석 막대 사탕

(1) ② 번 과정에서 물 한 컵에 설탕 세 컵을 넣고 가열하면 용액의 상태는 어떨지 쓰시오. [2 점]

(2) ④ 번 과정에서 설탕을 묻힌 막대기를 담그면 어떻게 사탕이 되는지 과정을 쓰시오. [3 점]

2 창의적 문제해결력 과학

41. 다음 태양을 중심으로 공전하는 지구의 모습을 그린 <보기> 그림을 보고 물음에 답하시오. [5 점]

- ☑ 유창성
- ☐ 융통성
- ☐ 독창성
- ☑ 정교성

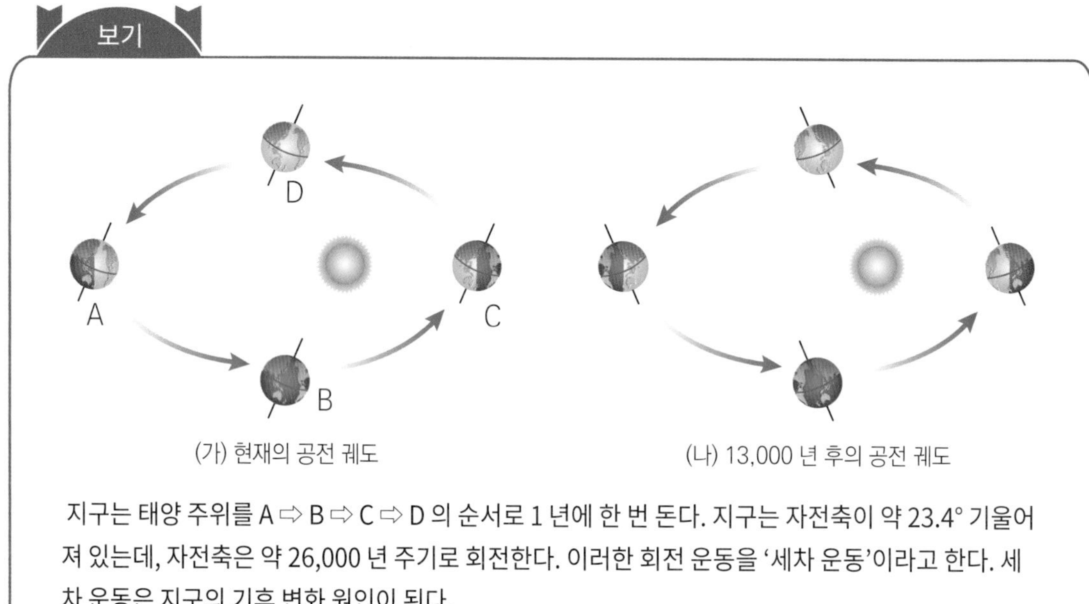

(가) 현재의 공전 궤도　　　　(나) 13,000 년 후의 공전 궤도

지구는 태양 주위를 A ⇨ B ⇨ C ⇨ D 의 순서로 1 년에 한 번 돈다. 지구는 자전축이 약 23.4° 기울어져 있는데, 자전축은 약 26,000 년 주기로 회전한다. 이러한 회전 운동을 '세차 운동'이라고 한다. 세차 운동은 지구의 기후 변화 원인이 된다.

(1) 그림 (가) 에서 한국이 여름일 때 지구는 공전 궤도 위의 점 A ~D 중 어디일지 기호를 쓰고, 그렇게 생각한 이유를 쓰시오. [2 점]

(2) 그림 (나) 처럼 자구의 자전축의 기울기가 변한다면, 한국의 기후가 어떻게 변할지 쓰고, 그렇게 생각한 이유를 쓰시오. [3 점]

정답 및 해설 / 예시 답안 ⋯⋯⋯> P. 54

42. 다음 <보기>를 읽고, 물음에 답하시오. [4 점]

- ☑ 유창성
- ☐ 융통성
- ☐ 독창성
- ☑ 정교성

보기

뼈는 우리 몸을 지탱하고, 뇌, 심장, 폐 등 몸속의 내부 기관을 보호하는 역할을 하는 단단한 물질을 말한다. 뼈와 뼈가 맞닿아 연결되는 부위는 관절이라고 부른다.

근육은 우리 몸속에서 뼈를 보호하고 몸이 움직일 수 있도록 해 주는 살의 조직을 말한다. 신축성이 있는 가늘고 긴 근육 세포로 이루어져 있습니다. 근육은 뼈와 함께 운동 기관에 속한다.

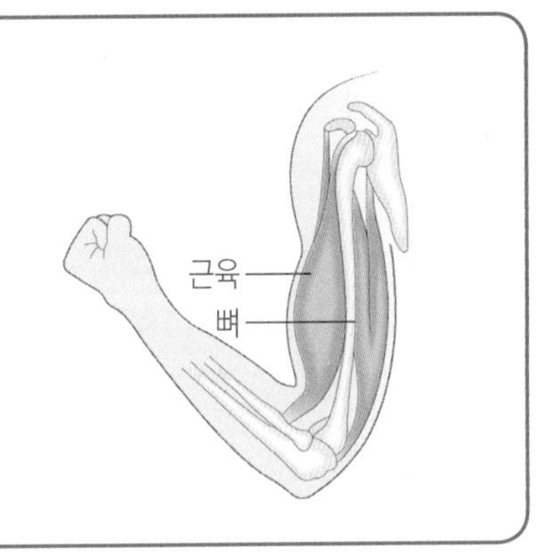

(1) 오른쪽 그림은 송풍기를 이용하여 풍선이 사람처럼 춤추게 만든 풍선 인형의 모습이다. 송풍기를 이용한 풍선 인형은 사람과 춤추는 모습이 완전히 똑같을 수 없는데, 왜 그런지 사람 몸의 구조를 생각하여 이유를 쓰시오. [2 점]

(2) 오른쪽 사진처럼 장미란 선수가 앉아서 역기를 들고 일어날 때의 허벅지 근육을 다리 모형으로 재현하려고 한다. 다음 그림 중 어느 비닐 봉지에 바람을 불어 넣고, 어느 비닐 봉지에 바람을 빼야 장미란 선수가 일어날 때의 허벅지 근육과 같아질지 쓰시오. [2 점]

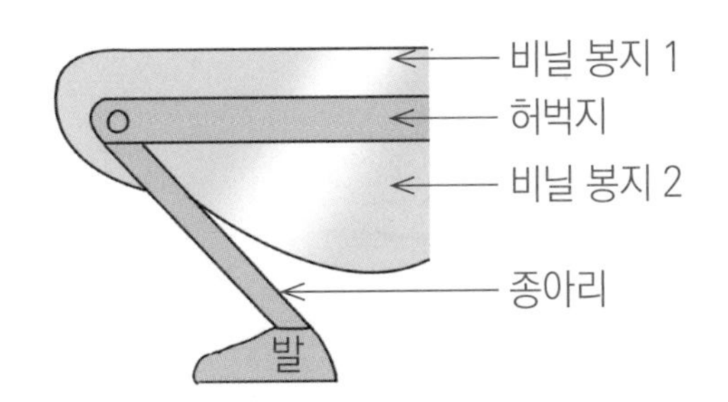

2 창의적 문제해결력 과학

43. 다음 <보기> 의 그림은 석영 유리를 통과한 레이저 빛의 진행 모습이다.

☐ 유창성
☐ 융통성
☐ 독창성
☑ 정교성

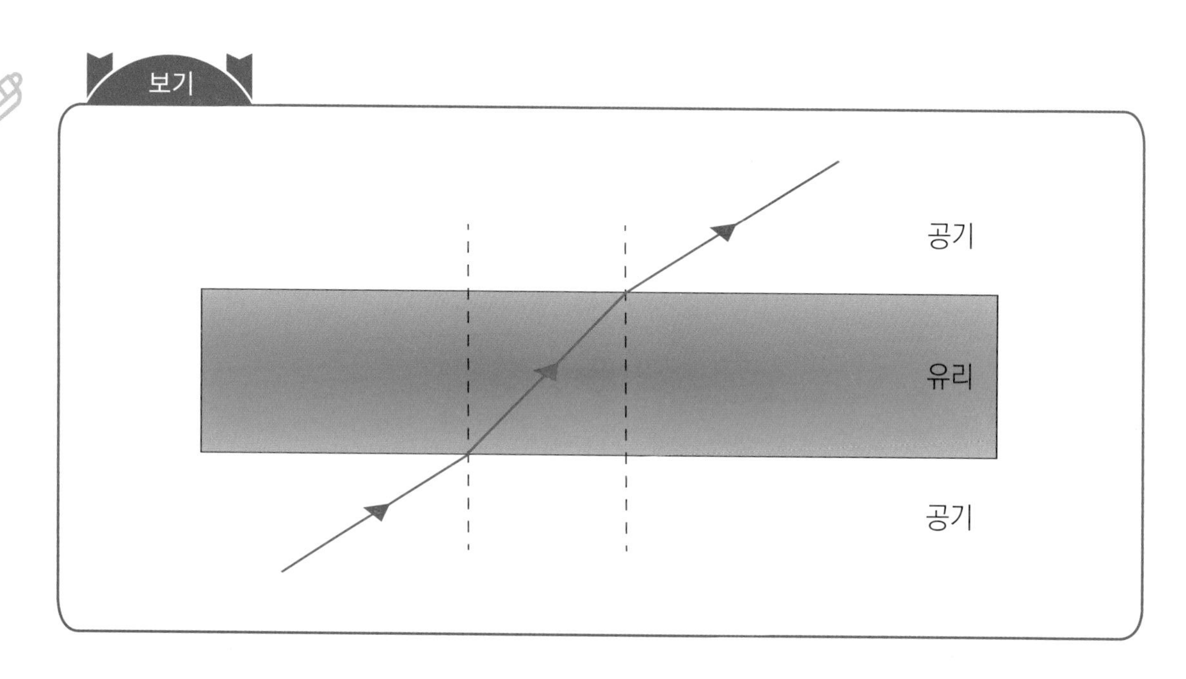

<보기> 의 그림을 참고하여, 다음과 같이 석영 유리로 만든 렌즈를 통과하는 세 개의 레이저 빛이 유리 내부를 지나 밖으로 진행하는 모습을 선으로 그리시오. [5 점]

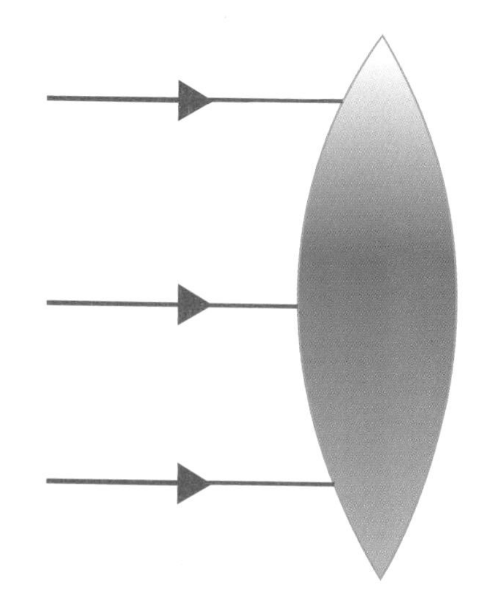

정답 및 해설 / 예시 답안 ············> P.55

44. 다음 <보기> 의 글을 읽고 물음에 답하시오. [6 점]

☑유창성
☑융통성
☐독창성
☐정교성

보기

얼음 정수기 내부에는 냉매가 흐르는 스테인리스 기둥이 있다. 스테인리스 기둥은 온도가 -18 ℃ 이고, 차가운 정수물이 스테인리스 기둥 주변에서 급속 냉동되어 얼음이 된다. 하지만, 정수기에서 급속 냉동된 얼음은 -10 ℃ 정도에서 48 시간 동안 천천히 냉동시킨 얼음보다 더 빨리 녹는다. 천천히 냉동시켜 느리게 녹는 얼음을 '슬로우 아이스'라고 한다.

▲ 스테인리스 기둥 주변에서 물이 얼고 있는 모습

(1) −10 ℃ 정도에서 48 시간 동안 냉동시킨 얼음이 얼음 정수기의 얼음보다 느리게 녹는 이유를 설명하시오. [3 점]

(2) −10 ℃ 에서 48 시간 동안 냉동하는 방법 이외에 슬로우 아이스를 만들 수 있는 방법을 2 가지 이상 쓰시오. [3 점]

45. 지면에서 1 m 위에 설치된 자동 야구 배팅기를 이용해 여러 가지 실험을 해보았다. 다음 물음에 답하시오. [6 점]

- ☐ 유창성
- ☐ 융통성
- ☐ 독창성
- ☑ 정교성

(1) 자동 야구 배팅기를 한 번은 수평면과 45° 위의 방향으로, 한 번은 수평면과 평행하게 공이 나가도록 설치했다. 두 공 모두 같은 속력으로 발사했다면 더 먼 곳에 떨어지는 공은 무엇일지 설명하시오. (단, 공기의 저항은 무시한다.) [3 점]

(2) 자동 야구 배팅기 앞에 벽 두 개를 설치해서 벽을 향해 야구공을 한 번씩 발사했다. 한 번은 야구공이 벽을 뚫고 더 날아갔고, 한 번은 야구공이 벽에 박혔다. 벽 뒤에 벽의 충격을 감지하는 센서가 있었다면, 두 개의 벽 중 어느 벽이 더 큰 충격을 받았을지 쓰시오. [3 점]

46. 다음은 해양생물의 먹이사슬을 나타낸 그림이다. 물음에 답하시오. [6 점]

☑유창성
☐융통성
☐독창성
☑정교성

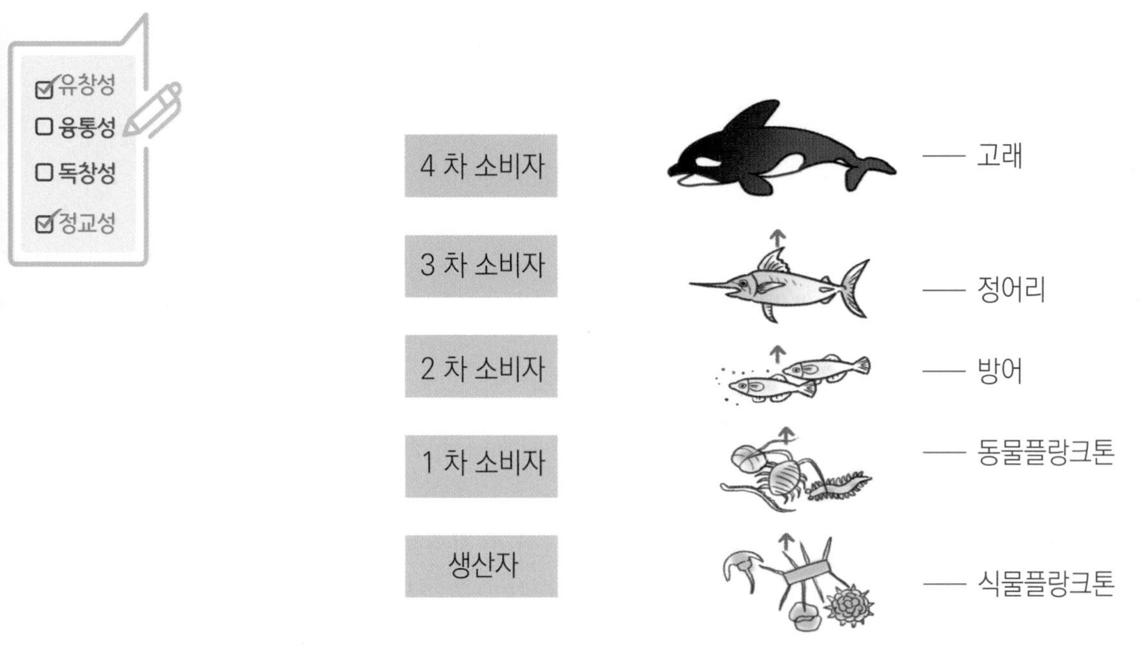

(1) 위 그림의 동물플랑크톤과 식물플랑크톤 중 어떤 것이 개체수가 더 많을지 설명하시오. [2 점]

(2) 만약 어느 한 지역에서 방어를 너무 많이 잡아 개체수가 급격히 감소할 때 위의 해양생물의 개체수 변화 과정을 쓰시오. [4 점]

47. 무한이는 하늘이 맑은 가을 밤 카메라로 별을 찍기 위해 산 위에 올라갔다. 다음 물음에 답하시오.

[5 점]

☑유창성
☐융통성
☐독창성
☑정교성

(1) 무한이는 별을 찍기 위해 카메라를 들고 하늘을 찍었다. 주변이 어두웠기 때문에 플래시를 터뜨렸는데 별이 찍히지 않았다. 왜 그런지 이유를 쓰시오. [3 점]

(2) 무한이는 별을 찍기 위해서는 조리개를 오랫동안 열어 놓아야 한다는 이야기를 듣고, 카메라가 북쪽을 향하게 두고 조리개를 하룻밤 동안 열어두었다. 그랬더니 다음 사진과 같이 별이 한 점을 중심으로 원을 그린 모양으로 찍혔다. 별이 다음 사진과 같이 찍힌 이유를 설명하시오. [2 점]

정답 및 해설 / 예시 답안 ············> P. 57

48. 두 사람이 우리 몸의 반사 운동에 대한 실험을 진행했다. 한 사람이 위에서 자를 놓으면, 다른 한 사람이 자가 떨어지는 순간 자를 잡는 실험이다. 다음 <실험 방법> 을 읽고 물음에 답하시오. [4 점]

- ☑ 유창성
- ☐ 융통성
- ☐ 독창성
- ☑ 정교성

실험 방법

① 두 명이 한 모둠이 되어 한 사람은 자의 윗부분을, 다른 한 사람은 기준선에서 두 손가락을 벌려 자를 잡을 준비를 한다.

② 자를 잡고 있는 사람이 자를 놓으면 다른 한 사람은 떨어지는 자를 보고 재빨리 잡은 후 기준선에서부터 잡은 위치까지의 거리를 측정한다.

③ 실험을 5 회 반복한다.

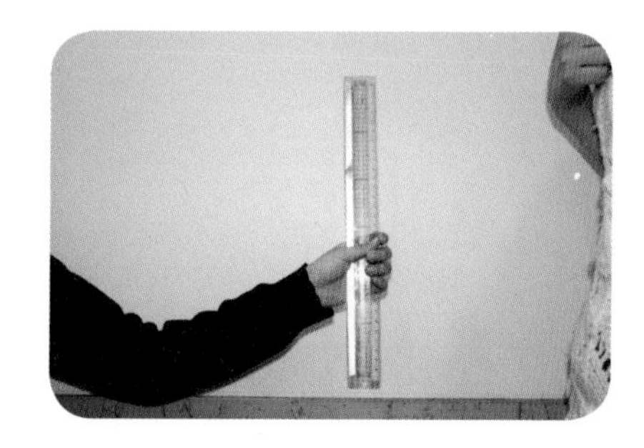

<첫 회의 실험 결과>

자를 놓기 전 손의 위치는 0 cm 였고, 자를 잡았을 때 손의 위치는 14 cm 였다.

(1) 자를 몇 초만에 잡았는지 쓰시오. (중력에 의해 떨어지는 거리 (m) = 5 × 시간 $(s)^2$ 이다.) [2 점]

(2) 실험을 다섯 번 반복했을 때 자를 잡은 손의 위치는 어떻게 변했을지 쓰고, 그 이유를 설명하시오.

[2 점]

2 창의적 문제해결력 과학

49. 다음 <보기>의 수피에 관한 글을 읽고, 물음에 답하시오. [6 점]

☑유창성
☐융통성
☐독창성
☑정교성

보기

수피는 나무 줄기 바깥쪽을 싸고 있는 딱딱한 부분을 말합니다. 수피는 외부의 환경이나 공격으로 부터 자신을 보호하는 역할을 합니다. 동물의 피부와 같이 더위와 추위를 견디거나 외부의 해충이나 바이러스를 막는 역할을 합니다.

나무마다 수피의 모양이 달라, 잎이 떨어져 나무를 구별하기 어려운 겨울에는 수피의 모양을 보고 나무를 구별합니다. 또한, 주변 환경에 따라 수피 모양이 달라 환경을 예측하는데에 이용할 수 있습니다.

(1) '초근목피' 란 직역하면 풀 뿌리와 나무 껍질로, 험한 음식을 가리킬 때 쓰는 말이다. 먹을 것이 없어 아무 것이나 닥치는대로 구해 먹을 때 '초근목피로 끼니를 때운다' 고 말한다. 실제로 나무 껍질만 먹고 끼니를 때울 수 있을지 설명하시오. [3 점]

(2) 다음 사진의 참나무와 너도밤나무의 수피를 보고 두 나무의 줄기 표면에 상처가 생겼을 경우 상처 부위에 어떤 나무가 더 빨리 수피를 생성할지 설명하시오. [3 점]

▲ 참나무

▲ 너도밤나무

50. 다음 <보기>는 의식적 반응 과정의 예이다. 글을 읽고, 물음에 답하시오.

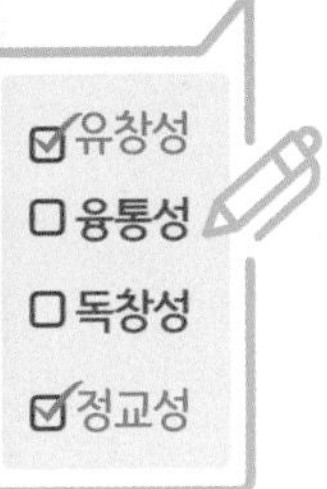

보기
의식적 반응은 자극을 대뇌에서 판단하여 나타나는 반응으로, 대뇌가 중추이다.
자극 ① 식탁에 맛있는 밥
감각기 ② 눈 : 밥을 본다.
감각신경 ③ 시각 신경
중추 ④ 대뇌
운동신경 ⑤ 운동 신경
반응기 ⑥ 팔의 근육
반응 ⑦ 숟가락을 들어 밥을 먹는다.

무한이, 영재, 상상이는 길을 가다가 초등학교 당시 친구였던 선영이가 친구와 이야기를 나누며 지나가는 것을 봤지만 세 명 모두 선영이의 이름을 부르지 못했다. 세 명 모두 선영이의 이름을 부르지 못한 이유가 <보기> 의식적 반응 과정 중 몇 번에서 문제가 있었는지 설명하시오. [6 점]

무한 : 영재야 너는 재 목소리를 들었잖아 누군지 알겠어? 나는 얼굴은 봤는데 옆에 지나가는 다른 사람이랑 구분이 안 가더라.

영재 : 눈이 다쳐서 아무것도 안 보이는 나한테 묻는거야? 목소리는 짱구 엄마랑 똑같았어. 누군지 모르겠다. 상상아, 너는 누군지 알아봤어?

상상 : (끄덕이며 종이에 이름을 쓴다.)

무한 : 아아, 선영이었구나. 우리 중 유일하게 알아보는 네가 목수술 때문에 목소리가 안나와서 아는 척을 못 한거구나. 선영이한테 미안하네...

CREATIVE
THINKING!
BEST
GO
꾸러미120제

Part 3

STEAM(융합) / 심층 면접

3 | STEAM (융합)

01. 다음은 커피믹스와 라면 티백에 관한 기사이다. 기사를 읽고, 물음에 답하시오. [10 점]

커피믹스 원산지, 한국이란 사실 아시나요?

- 커피의 불모지에서 탄생한 커피믹스

국내에서 처음 커피를 맛본 사람은 고종이었다. 당시 고종의 지원으로 이 땅에서 최초의 커피숍이 열렸다. 주로 개화파 인사나 외국인이 교류하기 위해 이 커피숍을 드나들었다. 커피는 서구화의 상징이자 상위층의 사교 행위를 돕는 매개 수단이었던 셈이다.

1960년대는 다방의 전성시대였다. 이 시기에 다방에서 팔린 커피의 95 % 는 미군으로부터 부정하게 입수했거나 밀수한 제품이었다. 국내에서 커피가 직접 만들어지기 시작한 것은 1970 년대 초반 동서식품에 의해서였다.

그로부터 6 년후 동서식품이 1 회 분량의 커피 파우더와 크리머·설탕을 이상적으로 배합한 인스턴트커피인 '커피믹스'를 개발했다. 동서식품의 커피 제조 기술과 한국인의 빨리빨리 문화가 만나 세계 최초의 커피믹스를 탄생시킨 것이다. 다방 커피에 길들여져 부드럽고 깔끔한 맛과 향을 선호하던 한국인의 입맛에 알맞게 배합한 것이 인기의 비결이었다.

- 외환위기 때 전성기 맞아

1997 년 외환위기 당시 커피 시장은 위축됐다. 회사에서 커피 심부름을 하던 여직원이 대폭 줄어들고 본인이 직접 커피를 타서 마시는 분위기가 조성됐다. 이 시기에 커피믹스 시장은 오히려 급성장했다.

이런 환경 덕분에 맥심 커피믹스는 선풍적인 인기를 얻으며 2000 년대 중반까지 국내 커피 시장을 장악했다.

동서식품의 커피믹스가 꾸준히 사랑받을 수 있었던 것이 단순히 시기를 잘 타고 나서만은 아니었다. 회사는 꾸준히 시장조사를 한 후 제품의 맛과 향은 물론이고 패키지 디자인까지 개선하는 과정을 통해 소비자의 기대에 부응하려 노력했다. [발췌 : 20XX.02.23 오마이뉴스]

◀ 커피믹스 가루

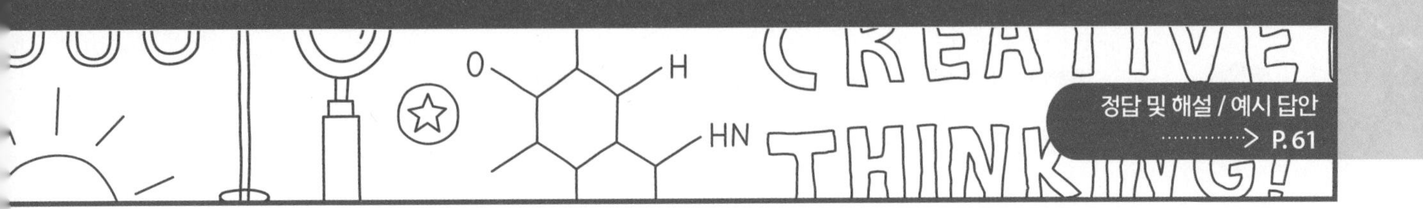

정답 및 해설 / 예시 답안
> P. 61

해외여행 때 라면이 먹고 싶다면? 라면 국물맛 '티백'인기

- 간편하게 우려내 국처럼 마시면 제격...사골·어묵 티백도 잇따라 출시

▲ 라면 티백

해외여행을 좋아하는 20 대 김 씨는 최근 친구와 함께 유럽여행을 다녀왔다. 김 씨는 여행 도중 친구가 건네준 차를 마시고 깜짝 놀랐다. 차의 맛이 한국의 라면 국물과 똑같았기 때문이다. 김 씨는 "얼큰하고 개운한 맛 덕분에 한국 음식에 대한 그리움을 다 잊을 정도였다."며 당시를 회상했다. '라면 한잔할래?'라는 이름을 가진 이 제품은 면 없이 오로지 '국물'만 필요로 하는 사람에게 안성맞춤이라는 평을 받고 있다.

라면 티백은 보통 차와 우려내는 방식이 똑같다. 컵에 뜨거운 물을 2/3 정도 받고 티백을 넣기만 하면 라면 국물이 완성된다. 평소 분식을 좋아하는 20 대 이 씨는 "김밥 같은 간단한 식사를 할 때 국으로 활용하고 있다"며 라면 티백을 사는 이유를 들었다.

라면 티백 개발자는 "티백 형태라 해외여행시 큰 부피를 차지하지 않아 부담 없이 챙겨갈 수 있다"며 "라면은 450 kcal 이지만 라면 티백은 겨우 12.9 kcal 밖에 나가지 않아서 젊은 여성이 더 좋아하는 것 같다"라고 말했다. [발췌 : 20XX.12.16 시빅뉴스]

(1) 현재 커피믹스의 매출량이 떨어지고 있다고 한다. 그 이유가 무엇일지 사회 분위기와 관련해 설명하시오. [3 점]

(2) 크리머에 야자유가 들어간 커피믹스와 크리머에 해바라기유가 들어간 커피믹스로 아이스 커피를 타 먹는 방법을 설명해 보시오. [4 점]

(3) 음식 중에 커피믹스나 라면 티백처럼 간단하게 조리할 수 있도록 만들면 인기가 많을 것에는 무엇이 있을지 말해보고, 이유를 설명하시오.[3 점]

02. 다음은 자율주행 자동차의 원리와 문제점에 관한 내용이다. 다음 글을 읽고 물음에 답하시오. [7 점]

자율주행 자동차가 인식하는 방법

자율주행 자동차는 도로와 주변 사물을 네 가지 센서를 사용해 인식한다.

① 카메라 :
영상을 통해 도로 주행환경(차선, 신호등 정보 등)을 인식한다.

② 레이더, 라이더, 초음파 :
다른 차량 또는 장애물을 스캔하여 적당한 거리와 속도를 유지하기 위해 측정하는 센서이다.

▲ 자율주행 자동차 모습

우버 자율주행 사고, 원인은 '인식 오류'

- 자율주행 활성화 때 비상제동장치 작동 안 해

미국 애리조나에서 길을 건너던 보행자를 치어 숨지게 한 우버 자율주행차 사고의 원인은 '인식 오류'였던 것으로 나타났다.
미국 고속도로교통국(NHTSA)은 우버 자율주행 사고 조사 결과를 발표하면서 자율주행 소프트웨어가 충돌 6 초 전에 보행자를 발견했음에도 이를 단순한 물체 또는 다른 차로 인식했다고 발표했다. 이어 충돌 1.3 초 전에 긴급 비상제동장치(EBS, Emergency Breaking System) 작동이 필요한 상황으로 판단했지만, 해당 기능이 차단돼 결국 보행자 충돌로 이어졌다고 설명했다. 우버 자율주행은 자동 긴급제동장치의 잦은 오류를 막기 위해 자율주행 모드일 때는 비상제동장치(EBS) 기능이 작동되지 않도록 설계됐다.
이 같은 결과가 발표되자 전문가들은 자율주행 때 자동 긴급제동장치 활성화는 물론이고 무엇보다 사물 인식에 정확도가 높아져야 한다고 입을 모은다. 한 전문가는 "인간은 장애물을 보면 직관적으로 종류를 구분할 수 있지만, 센서는 사람과 동물, 생물과 무생물을 구분하는 능력이 여전히 떨어진다"며 "예를 들어 같은 크기의 장애물이라도 종이와 실제 단단한 물체의 구분도 중요한 만큼 사물 인식의 정확성을 끌어올리는 것이 주요한 과제"라고 강조했다. [발췌 : 20XX.05.31 오토타임즈]

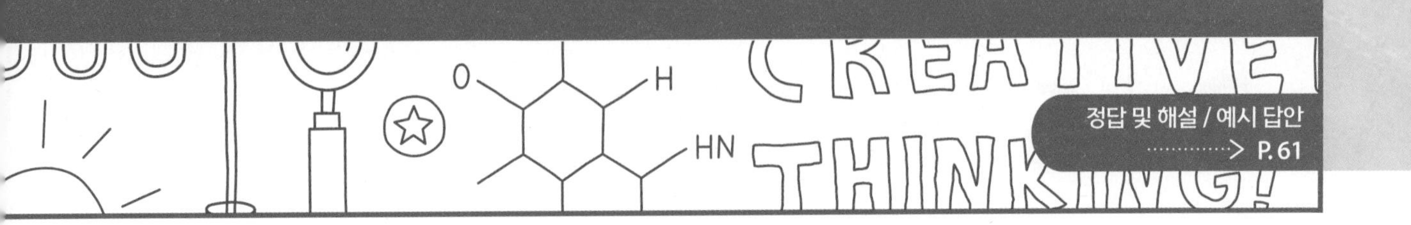

정답 및 해설 / 예시 답안
············> P. 61

충돌 때 탑승자·보행자 누굴 살리나? ...무인차 딜레마

프랑스 툴루즈경제대(TSE) 장 프랑수아 보네퐁 교수는 지난해 무인차의 윤리적인 딜레마 문제에 대한 연구 결과를 MIT 테크놀로지 리뷰에 게재했다. 무인차가 앞쪽 보행자를 피하려고 방향을 바꾸면 다른 보행자를 치거나 탑승자가 희생되는 상황을 가정해 400 여명을 대상으로 설문 조사한 내용이었다. 응답자들은 대체로 희생자를 최소화하도록 무인차를 만들어야 한다는 의견을 냈다. '10 명이 죽는 것보다는 1 명이 죽는 게 낫다'는 답변이 많았던 것이다. 보행자 10 명을 피해 방향을 틀면 벽에 충돌해 탑승자가 사망하는 경우도 대부분 응답자는 보행자 10 명을 살려야 한다고 응답했다. 하지만 자신이 탑승자일 경우에는 답이 달랐다. 보네퐁 교수는 "응답자들은 그런 식으로 프로그램된 무인차를 타고 싶어 하지 않았다."고 밝혔다.

① 10 명의 보행자와 다른 1 명의 보행자 중 어느 쪽을 살릴 것인가?
(10 명을 피해 방향을 틀면 다른 보행자 1 명과 충돌한다.)

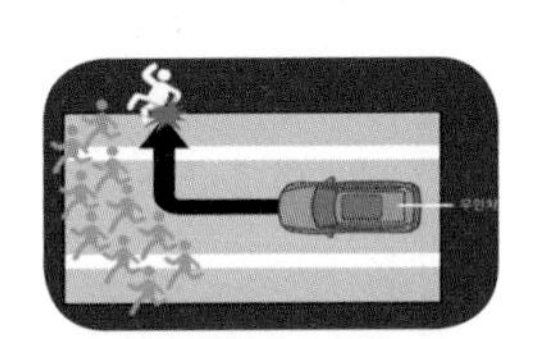

② 보행자 1 명과 탑승자 중 누구를 살릴 것인가?
(보행자 1 명을 피해 방향을 틀면 벽에 충돌해 탑승자가 사망한다.)

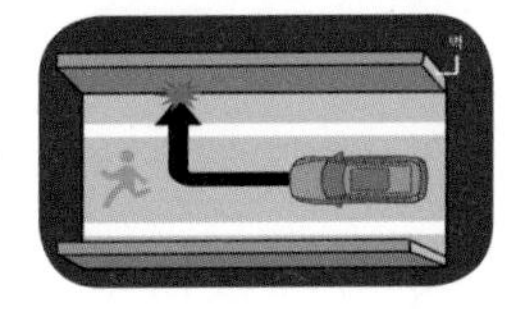

③ 10 명의 보행자와 1 명의 탑승자 중 어느 쪽을 살릴 것인가?
(보행자 10 명을 피해 방향을 틀면 벽에 충돌해 탑승자가 사망한다.)

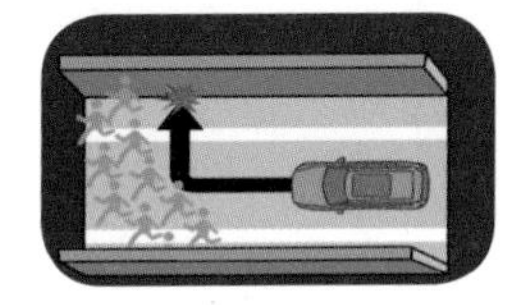

[발췌 : 20XX.03.04 조선신문]

(1) 자율주행 자동차가 초음파를 이용해 어떻게 주변 차량과의 거리를 측정하는지 설명하시오. [4 점]

(2) 한 자율주행 자동차 회사에서 많은 사람이 모여있는 경우 자동차 브레이크에 문제가 생겼을 때, 달려오는 자동차를 보고 빨리 피할 수 없는 사람을 먼저 비켜 가도록 프로그래밍 하려고 한다. 자신이 자율주행 자동차를 만드는 사람이라면 5 세 여자, 18 세 남자, 25 세 여자, 50 세 남자, 87 세 남자 다섯 명이 자동차 앞에 모여있을 때 어떤 사람을 가장 먼저 피하고, 어떻게 그 사람의 나이와 성별을 자동차가 인식하도록 프로그래밍 해야 할지 설명하시오. [3 점]

3 | STEAM (융합)

03. 다음은 지구의 둘레를 측정한 에라토스테네스에 관한 글이다. 다음을 읽고 물음에 답하시오.

[10 점]

최초 지구 둘레 측정

지리학자이자 수학자인 에라토스테네스의 가장 큰 업적은 지구의 둘레를 측정한 것이다. 그는 알렉산드리아의 남쪽에 있는 시에네의 지면에 수직으로 판 우물에서 하짓날 태양광선이 수직으로 입사한다는 사실과, 같은 시간에 알렉산드리아의 땅 위에 수직으로 세운 막대기에는 약 7.2° 각도의 그림자가 생긴다는 사실을 이용하여 지구의 둘레를 계산하였다.

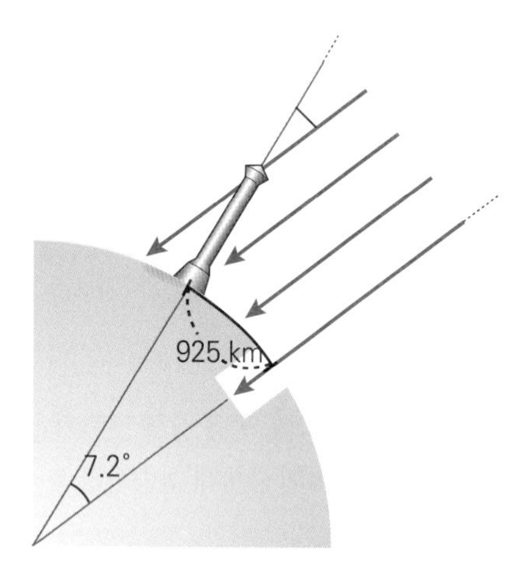

위도와 경도

위도는 적도를 중심으로 남북으로 얼마나 떨어져 있는지를 나타내는 위치이며, 각도(°)로 나타낸다. 경도는 영국 런던의 그리니치 천문대에 그어진 본초자오선(지구의 경도를 결정하는 데 기준이 되는 선)에서 동서로 얼마나 떨어져 있는지를 나타내는 위치이며, 각도(°)로 나타낸다.

위도는 적도를 기준으로 0° ~ 90° 까지 구분한다. 북반구의 위도를 '북위'라고 하고, 남반구의 위도를 '남위'라고 한다. 경도는 영국 그리니치 천문대의 본초자오선을 기준으로 지구 둘레를 360° 로 나누어 동쪽으로 180° 까지를 '동경'이라고 하고, 서쪽으로 180° 까지를 '서경'이라고 한다.

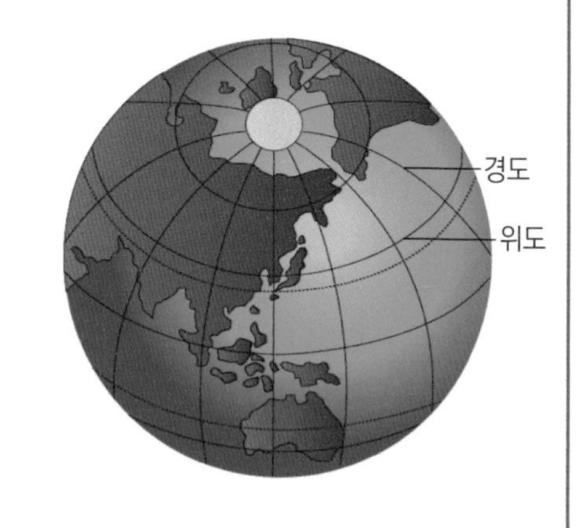

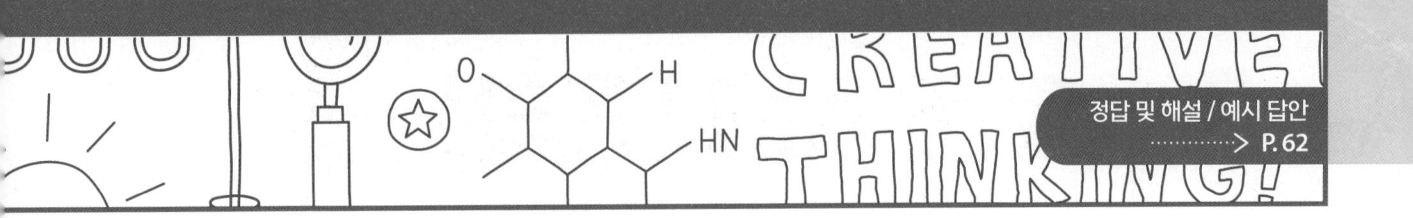

정답 및 해설 / 예시 답안
> P. 62

(1) 알렉산드리아의 위도는 얼마인지 구하시오. [3 점]

(2) 왜 태양의 고도는 북쪽으로 갈수록 낮아지는지 설명하시오. [3 점]

(3) 위 그림에 그려져 있는 지구는 완전한 원형이고, 태양의 빛은 평행하게 오고 있다고 가정할 때, 지구의 둘레를 구하시오. [4 점]

04. 다음 글을 읽고 물음에 답하시오. [12 점]

압력과 부피와의 관계

온도가 일정할 때 압력이 증가하면 기체의 부피는 감소하고, 압력이 감소하면 기체의 부피는 증가한다. 온도가 일정할 때 실린더 위에 추를 더 올려 압력을 증가시키면 기체의 부피가 감소하여 기체 분자자 용기 벽에 충돌하는 횟수가 많아지므로 기체의 압력이 증가한다.

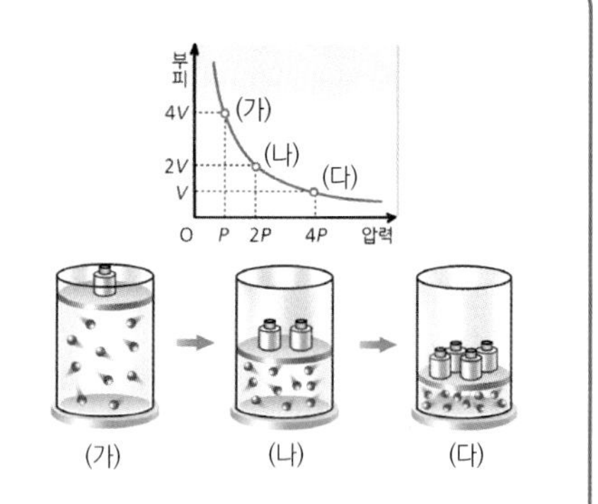

펌프 구조

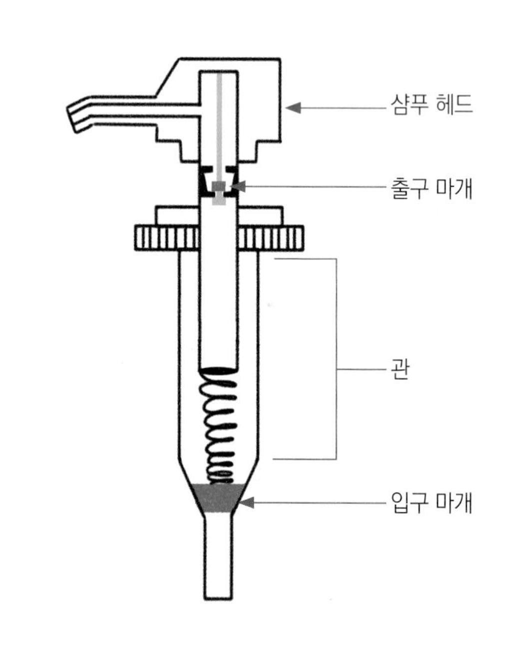

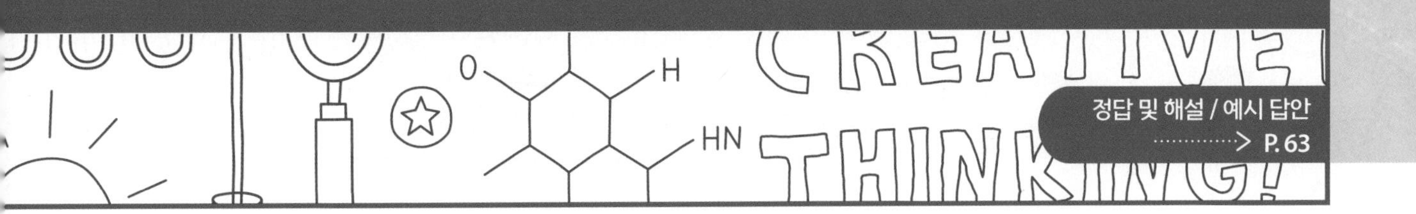

정답 및 해설 / 예시 답안
> P. 63

펌프에서 샴푸가 나오는 원리

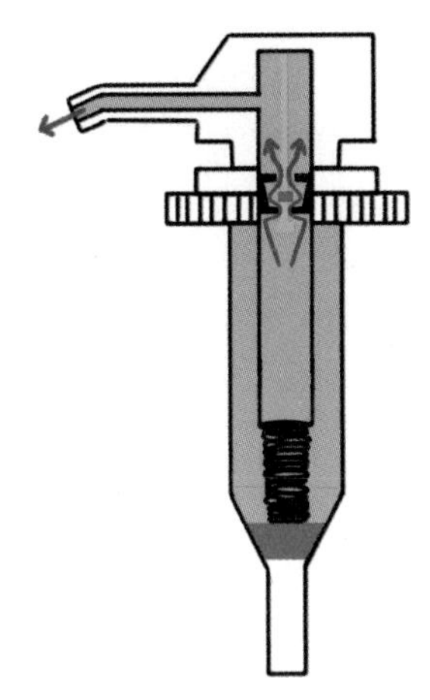

① 펌프 헤드를 누르면 스프링이 압축되며 입구 마개가 밑으로 눌려 꽉 낀다. 출구 마개가 살짝 올라가며 헤드 밖으로 샴푸가 나온다.

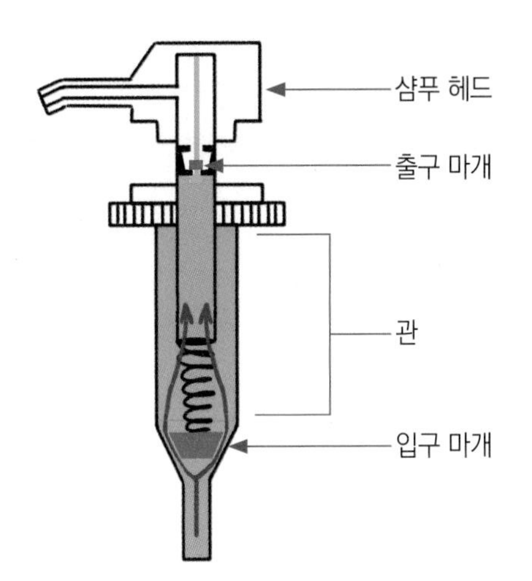

② 헤드에서 손을 떼면 출구 마개의 틈이 닫히고, 스프링은 펴져서 입구 마개가 살짝 올라가며 관으로 샴푸가 들어온다.

(1) '펌프에서 샴푸가 나오는 원리' ①, ② 에서 샴푸가 어떻게 위로 올라오는지 압력과 부피를 이용해 상세하게 설명해 보시오. [6 점]

(2) 거품 펌프는 펌프의 헤드를 눌렀을 때 비누 용액이 아닌 거품이 나오는 것이다. 통에는 거품이 아닌 보통 비누 용액보다 묽은 용액이 들어있다. 거품이 나오는 펌프를 만들기 위해서는 일반 펌프의 관에 무엇을 설치하면 좋을지 설명해 보시오. [6 점]

05. 다음은 열에 관한 글이다. 다음을 읽고 물음에 답하시오. [7 점]

열이란?

열은 물질 속 분자가 갖는 에너지이다. 뜨거운 물에 차가운 숟가락을 넣으면, 뜨거운 물 속의 물 분자는 활발하게 움직여 차가운 숟가락의 느린 원자를 빨리 움직이게 한다. 이 과정에서 물 분자의 운동이 차츰 느려지며 온도는 내려간다.

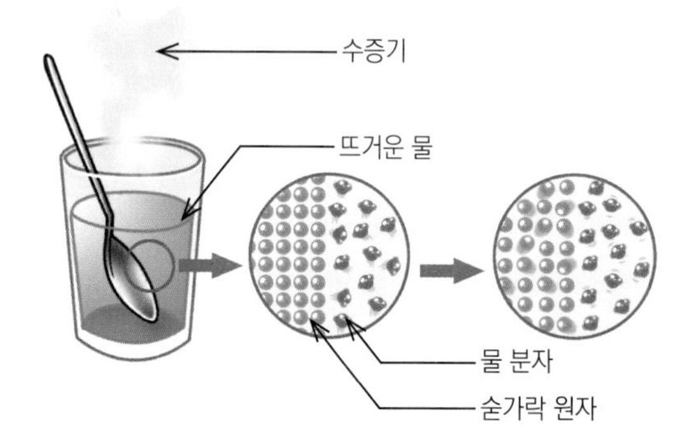

전자기파, 적외선

전기장과 자기장이 각각 시간에 따라 세기가 변하면서 공간을 퍼져 나가는 파동을 전자기파라고 한다. 전자기파는 전기장과 자기장의 진동방향과 각각 수직이 되는 방향으로 진행하며, 매질이 없어도 에너지를 전달한다. 그래서 파장이 긴 적외선 치료기를 염증 부위에 갖다 대면 적외선이 피부 표피에 열을 전달하여 염증을 회복에 도움을 준다.

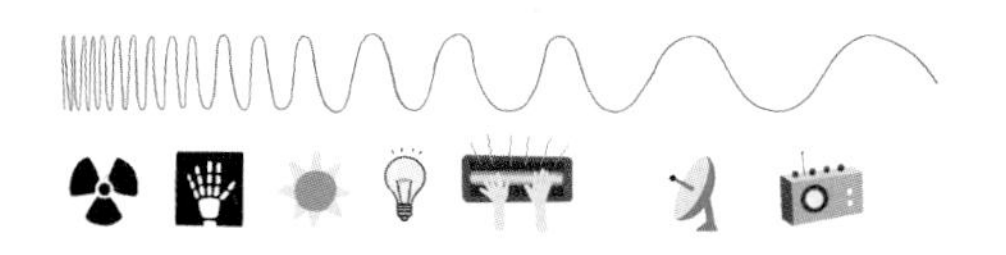

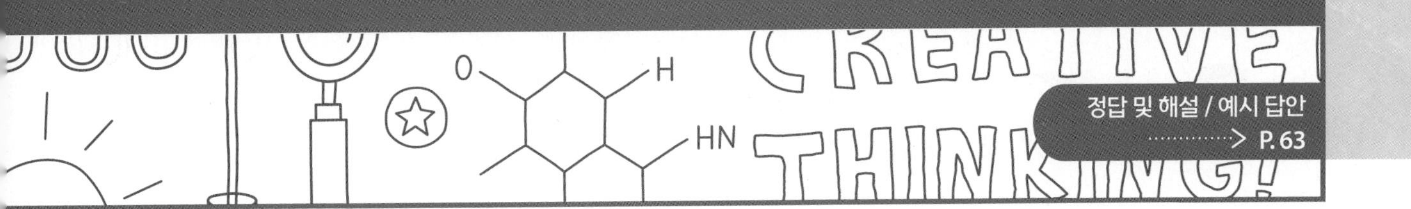

정답 및 해설 / 예시 답안
> P. 63

적외선 열화상 카메라

적외선 열화상 카메라는 사람, 동물, 자동차, 엔진 등 주변보다 열이 높은 물체를 감지해 육안 식별이 가능한 영상으로 보여준다. 모든 물체는 전자기파를 방출하는데, 적외선 열화상 카메라는 물체에서 나오는 전자기파 중 적외선을 감지하고, 적외선의 파장의 차이를 이용해 온도를 이미지화 한다. 보통 온도가 높으면 빨간색, 온도가 낮으면 파란색으로 이미지화 한다.

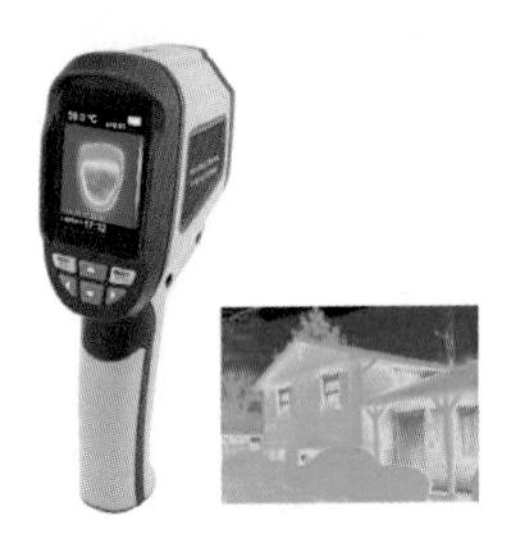

(1) 다음 사진은 추운 겨울 보일러를 틀고 있는 2 층 짜리 주택을 적외선 열화상 카메라로 찍은 사진이다. 이 주택에서 1 층과 2 층 중에 더 따뜻한 곳은 몇 층일지 이유와 함께 쓰시오. [3 점]

(2) 적외선이 표피 아래의 염증 부위까지 도달하여 영향을 미쳤는지 알아보려고 할 때, 적외선 열화상 카메라를 이용하면 확인이 가능할지 설명하시오. [4 점]

06. 다음은 점묘화의 원리를 설명한 글이다. 글을 읽고 물음에 답하시오. [10 점]

점묘화

점묘화는 선과 면이 아닌 수많은 점으로 그리는 그림을 의미하고, 주로 신인상주의자들에 의해 그려진 그림을 말한다. 신인상주의의 창시자인 조르주 쇠라의 대표작 <그랑드자트 섬의 일요일 오후> 라는 그림을 보면 사람의 얼굴, 입고 있는 옷, 배경이 색이 다른 여러 개의 점으로 그려져 있는 것을 알 수 있다. 이렇게 찍혀 있는 점을 멀리서 보면 마치 하나의 색처럼 보이게 된다. 이런 그림을 점묘화라고 한다.

물감은 섞으면 섞을수록 빛을 흡수해 밝기가 어두워지고 탁해지기 때문에 모든 색을 합치면 검은색이 만들어진다. 쇠라는 무수히 많은 점을 찍어 서로 다른 두 색이 반사하는 빛을 우리 눈이 동시에 인식하면서 하나의 색으로 보게 해, 탁하지 않고 밝고 선명하게 그림을 완성했다. 현재 우리가 사용하는 텔레비전, 컴퓨터, 스마트폰 모니터 위에 이미지를 만들어내는 원리도 이와 크게 다르지 않다. [발췌 : 20XX.07.20 오픈 갤러리]

▲ 조르주 쇠라의 〈그랑드자트 섬의 일요일 오후〉

불투명한 물체가 특정색으로 보이는 이유

불투명한 물체가 특정한 색으로 보이는 것은 그 물체가 다른 빛은 모두 흡수하고 특정한 빛만 반사하기 때문이다. 물체가 빨간색으로 보이는 이유는 빨간색 빛만 반사하고, 다른 빛은 모두 흡수하기 때문이다. 흰색 물체는 모든 색의 빛을 반사하고, 검은색 물체는 모든 색의 빛을 흡수한다.

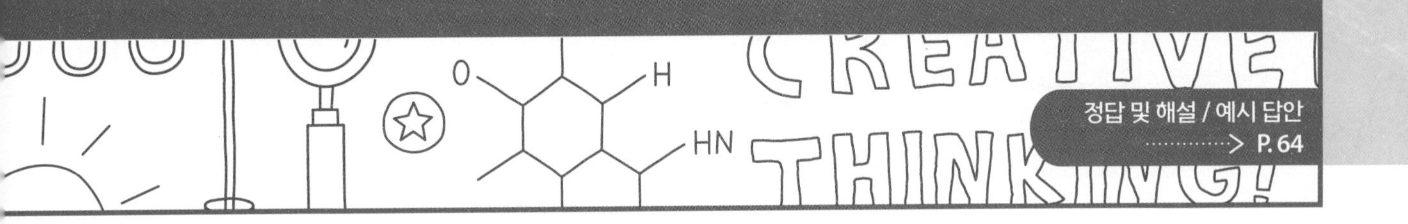

정답 및 해설 / 예시 답안
> P. 64

빛의 3 원색

물감의 3 원색은 빨간색, 노란색, 파란색이다. 이 셋을 모두 섞으면 검정색이 되는 데에 반해, 빛의 3 원색인 빨간색, 초록색, 파란색을 모두 합성하면 백색광이 된다.

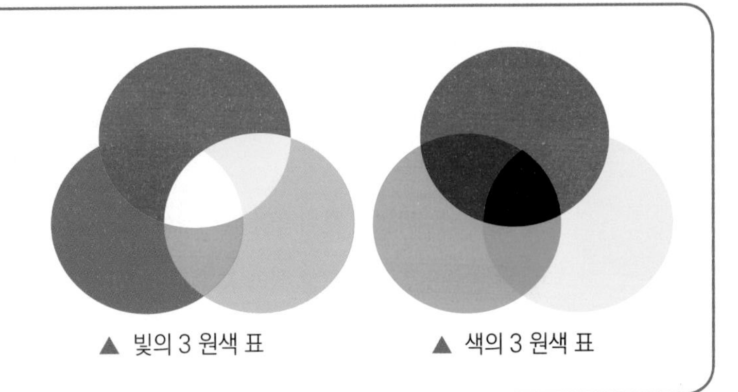

▲ 빛의 3 원색 표　　▲ 색의 3 원색 표

(1) 조르주 쇠라의 점묘화를 따라 그린 선영이는 여러 색의 점이 겹쳐져 그림이 충분히 밝아 보이지 않아 수정하려고 한다. 선영이는 어떤 방법으로 그림을 밝아 보이게 할 수 있을지 쓰시오. [2 점]

(2) 텔레비전이나 컴퓨터, 휴대폰 화면은 불빛이 켜지는 것인데, 어떻게 검정색을 표현할지 설명해 보시오. [3 점]

(3) 빨간색, 초록색, 파란색 빛을 내는 3 개의 동일한 전구에 각각 전지를 2 개씩 연결하여 노르스름한 하얀빛을 만들고자 한다. 전구 3 개를 아래 (가) 와 (나) 중 한 방법으로 연결한다면 각각 어떤 방법으로 연결하면 좋을지 기호를 쓰시오. [5 점]

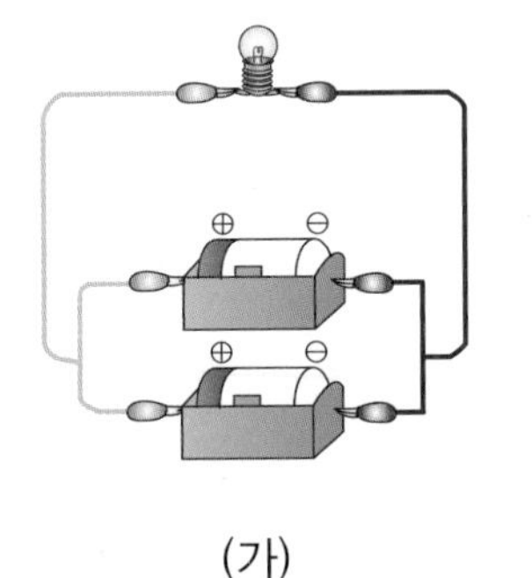

(가)

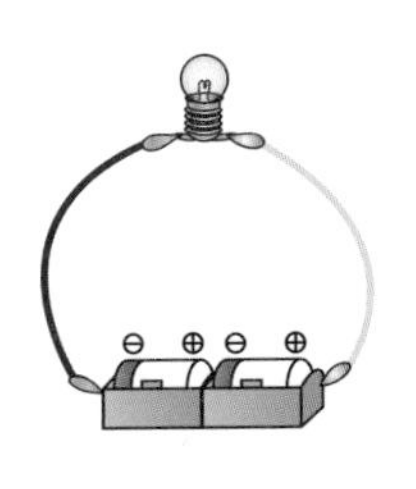

(나)

전구의 색	기호
빨간색	
초록색	
파란색	

07. 다음 글을 읽고 물음에 답하시오. [10 점]

대전

대전은 전기적으로 중성인 물체가 전자를 잃거나 얻어 전기를 띠는 현상을 말한다. 다음은 대전 실험의 과정과 결과이다.

① 플라스틱 파일을 준비하여 머리카락과 마찰시킨다.

② 작은 종잇조각을 책상 위에 흩뿌리고 플라스틱 파일을 가져다 댄다.

물의 극성

물에 (+) 극과 (-) 극이 연결된 도체를 꽂으면 (+) 극에서는 산소기체가 발생하고, (-) 극에서는 수소기체가 발생한다. 물의 분자 모양은 두 수소 원자와 산소를 잇는 사잇각이 104.5° 를 이루는 모양이다. 전자가 산소 원자 쪽으로 더 쏠리기 때문에 산소 원자는 (-) 극, 수소 원자는 (+) 극을 띠어 물 분자는 극성을 가진다.

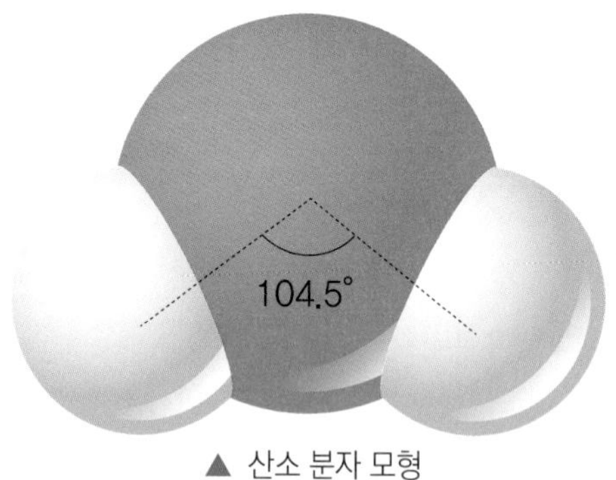

▲ 산소 분자 모형

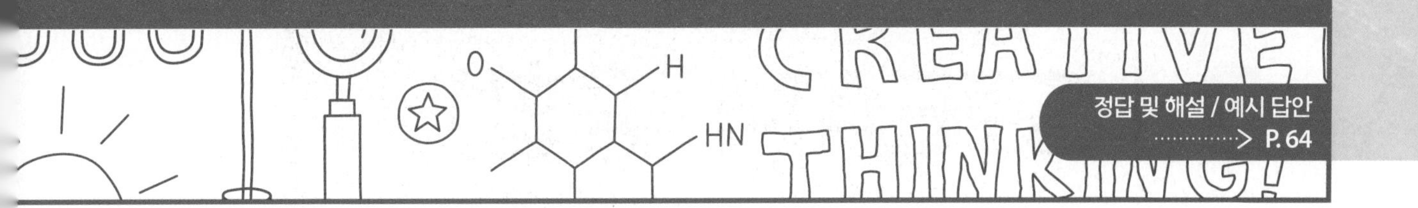

정답 및 해설 / 예시 답안
............> P. 64

미세먼지 마스크에 숨겨진 과학, 정전기!

미세먼지 마스크는 일반 마스크와 어떤 점이 다를까요? 우선 일반 마스크에 사용되는 섬유는 섬유 조직이 가로세로 직각으로 교차되어 틈이 생깁니다. 따라서 10 μm 이하의 미세먼지를 걸러내기엔 역부족입니다. 반면, 미세먼지 마스크는 섬유가 촘촘하고 무작위로 얽힌 필터를 사용해 작은 크기의 먼지도 걸러낼 수 있도록 제작됩니다.

그러나 2.5 μm 이하의 초미세먼지까지 잡아내기 위해서는 촘촘한 필터로는 한계가 있는데요. KF94, KF99 마스크를 착용해 보면 알 수 있듯이 마스크의 섬유조직이 촘촘해질수록 마스크를 착용한 사람이 숨쉬기 매우 불편해진다는 단점이 있습니다. 이런 단점을 해결하기 위해 '정전기 필터'가 사용됩니다. [발췌 : 20XX.02.15 한국전기연구원, KERI]

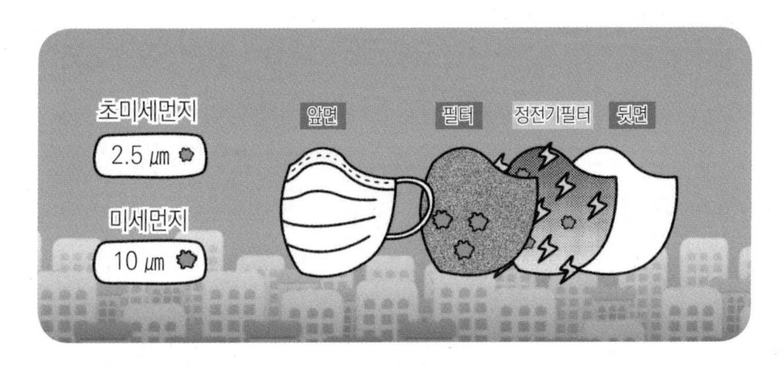

(1) 머리카락과 마찰시킨 플라스틱 파일을 약하게 흐르는 물과 가까이 하자, 물줄기가 플라스틱 파일 쪽으로 휘었다. 휘어지는 순간 물 줄기의 물 분자는 어떻게 배열 되어있을지 설명하시오. [3 점]

(2) 미세먼지 마스크는 초미세먼지를 어떻게 거르는지 설명하시오. [3 점]

(3) 정전기 필터를 사용한 미세먼지 마스크는 두 번 이상 사용하면 효과가 없다고 말한다. 왜 그럴지 설명하시오. [4 점]

08. 다음은 신재생 에너지에 관한 글이다. 글을 읽고 물음에 답하시오. [7 점]

전력 수요 예측 한계...대응책은?

▲ 풍력 발전기

지난해 풍력과 태양광 발전 같은 신재생 에너지 시설 용량은 4 백 메가와트가 넘었습니다. 매년 크게 늘면서 도내 발전 설비 용량의 30 % 에 달합니다. 문제는 이런 신재생 에너지의 전력 생산이 날씨 등에 영향에 따라 변동폭이 크다는 점입니다. 일반 발전소의 전력 생산량 변화 추이와 신재생 에너지 생산량을 비교하면 확연히 차이가 드러납니다.

"풍력과 태양광 발전은 일정한 전력이 나오지 않는다는 게 단점인데요. 내일 발전량, 모레 발전량을 화력 발전은 계산한 대로 나오는데 풍력과 태양광 발전의 경우는 자연의 변화를 감지하는 게 쉽지 않죠."

제주에서 전력 수요가 갑자기 늘고 신재생 에너지 발전량이 급감하는 상황이 발생하면, 전기를 생산하기 위해 4 시간 가량 소요되는 기존 발전기로는 대응할 수가 없어, 대규모 정전 사태가 발생할 수도 있습니다.

"풍력과 태양광이 생산하는 발전량이 전체 50 % 를 넘을 때도 있고, 그만큼 전력 공급에 지대한 영향을 주기 때문에 풍력과 태양광 발전량이 어떻게 될 것인지 예측하지 못하면 전력공급을 안정적으로 할 수가 없습니다."

전력거래소 제주본부는 12 억 원을 들여 제주형 전력 수요 예측 시스템을 구축한다는 계획이지만, 급변하는 전력 생산 환경에 맞는 보완책 마련도 더 서둘러야 할 것으로 보입니다. [발췌 : 20XX.08.23 JIBS 뉴스]

발전

발전이란 역학적 에너지나 열에너지, 화학 에너지, 핵에너지 등을 전기 에너지로 변환시키는 것이다. 발전기는 터빈을 돌려 자석 사이의 코일에 전류가 생성되도록 하는 것이다.

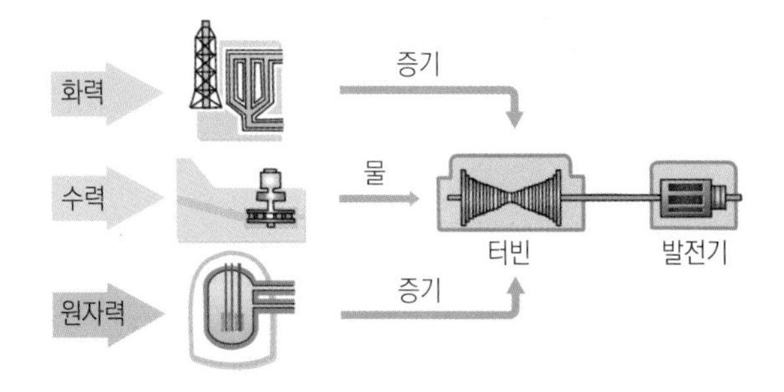

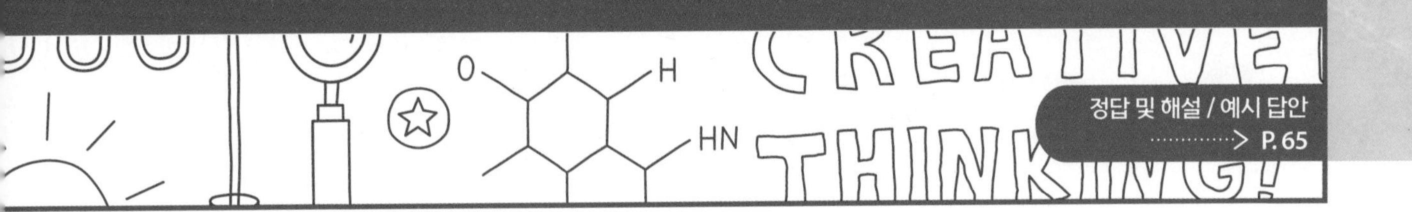

정답 및 해설 / 예시 답안
> P. 65

신 · 재생 에너지의 종류

- 풍력 에너지
  바람의 힘을 이용하는 에너지로 날씨에 따라 이용할 수 있는 에너지의 양이 달라진다. 풍력 발전에는 풍력이 매우 강하고 연중 바람이 불어오는 해안이나 섬 또는 고원 지역이 유리하다.

- 태양열 · 태양광 에너지
  햇볕을 이용하는 에너지로 일조 시간이 길고 맑은 날이 많은 지역일수록 이용에 유리하다.

- 조류 에너지
  밀물과 썰물이 높이차 이용하여 에너지를 생산한다.

- 지열 에너지
  지하수나 지하의 열을 이용하여 전기를 생산하거나 냉난방에 이용하는 것으로 화산 지대에서 많이 활용한다.

(1) 재생에너지가 되기위한 조건에는 무엇이 있을지 쓰시오. [2 점]

(2) 실생활에서 효율적이고 새로운 형태의 신재생에너지를 생산할 수 있는 방법을 써보시오. [3 점]

(3) 우리나라는 강한 바람이 자주 불지 않아 풍력 발전을 하기에는 효율이 떨어진다. 그래서 무한이는 물레방아가 도는 힘을 이용하여 발전을 해보기로 했다. 흐르는 강물로 물레방아를 돌리게 하려고 한다면, 물레방아를 어디에 설치하는 것이 가장 좋을지 기호를 쓰고 이유를 설명하시오. [2 점]

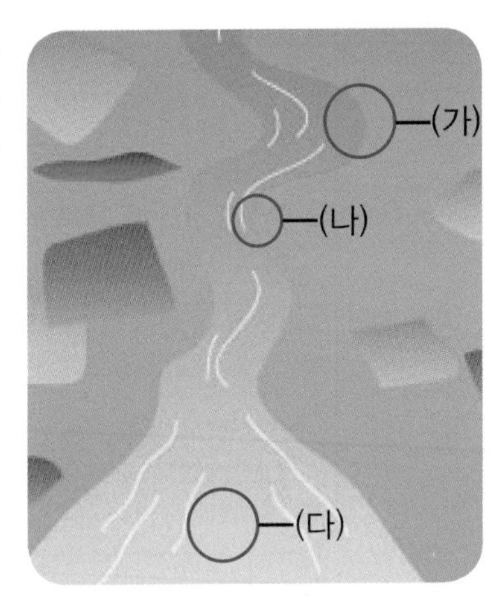

3 | STEAM (융합)

09. 다음은 여러 가지 최단선에 관한 글이다. 글을 읽고, 물음에 답하시오. [7 점]

사이클로이드

원 위에 한 점을 찍고, 원을 한 직선 위에서 굴렸을 때 점이 그리며 나아가는 곡선을 사이클로이드 곡선이라고 한다. 마찰이 없는 물체가 한 지점에서 다른 지점으로 미끄러져 내려갈 때 가장 빠르게 내려가는 궤도는 사이클로이드 곡선이다.

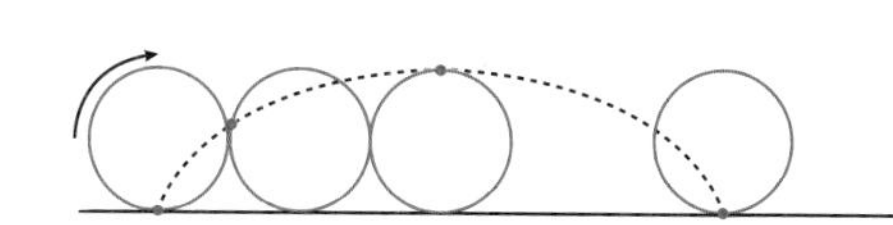

▲ 직선 위를 구르는 원 위의 점이 그린 궤도

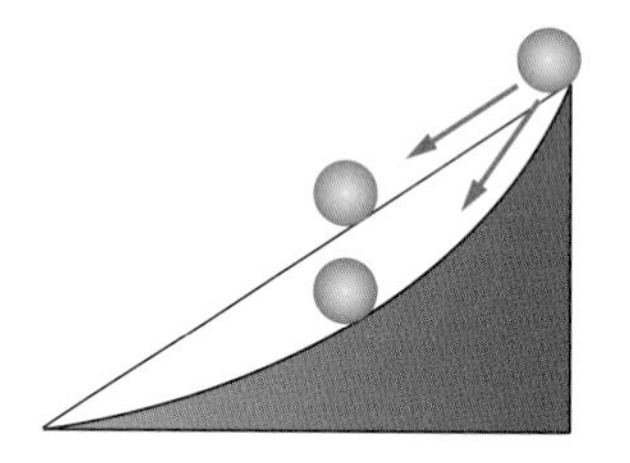

▲ 공이 미끄러져 내려갈 때

항정선

항정선은 항해에서 쓰이는 용어로 구 위를 진행하면서 경선을 같은 각도로 자르는 곡선을 말한다. 즉, 항해 중 한 개의 나침반이 계속 같은 방향을 가리킬 때의 경로다. 항정선은 구의 표면에 있는 두 점 사이의 가장 짧은 경로를 나타낸다.

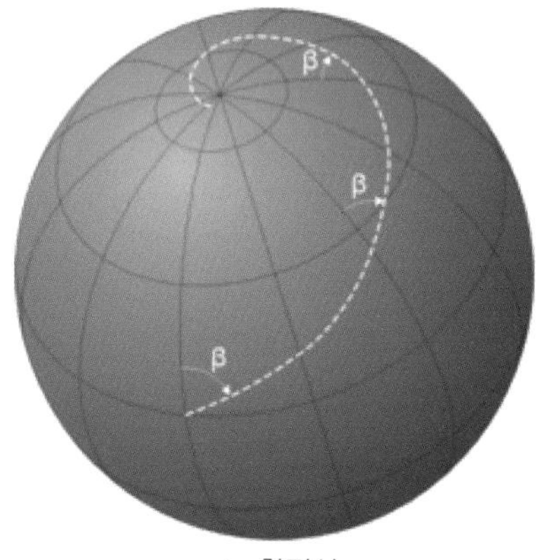

▲ 항정선

비행기의 항로

지구 위의 두 점을 최단거리의 항로로 운항하기 위해서는 대권 코스(Great Circle Route)를 이용한다. 지구는 둥근 원형이기 때문에 평면 지도로 보면 곡선으로 나타난다. 하지만 일반항공기의 경우 반드시 대권 코스를 이용하지는 않는다. 예를 들어, 인천에서 LA 를 가는 경우 제트 기류 코스(Jetstream Route)를 이용한다.

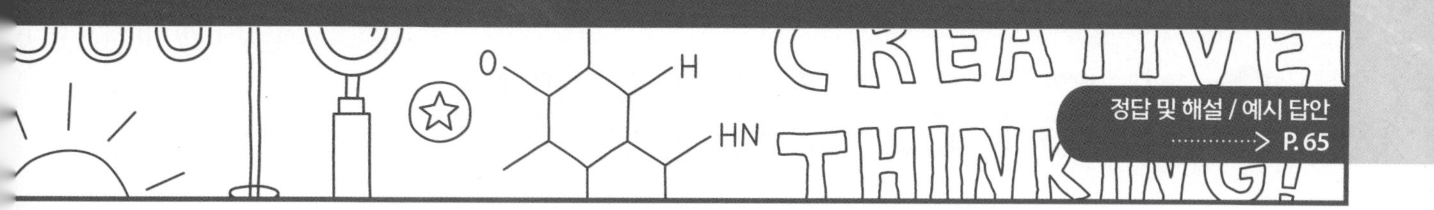

정답 및 해설 / 예시 답안
> P. 65

제트 기류

제트 기류는 대류권의 상부 쪽에 존재하는 폭이 좁은 강풍대를 말한다. 제트 기류는 지구의 자전과 태양열로 인해 형성된다. 극지방의 찬 공기와 열대지방의 더운 공기가 만나 강한 기류를 만들어낸다.
지구의 자전방향에 따라 제트기류는 항상 서에서 동으로 부는 편서풍이다. 제트 기류를 타면 인천에서 LA를 가는 것이 LA 에서 인천을 가는 것보다 1 ~ 2 시간 덜 걸린다.

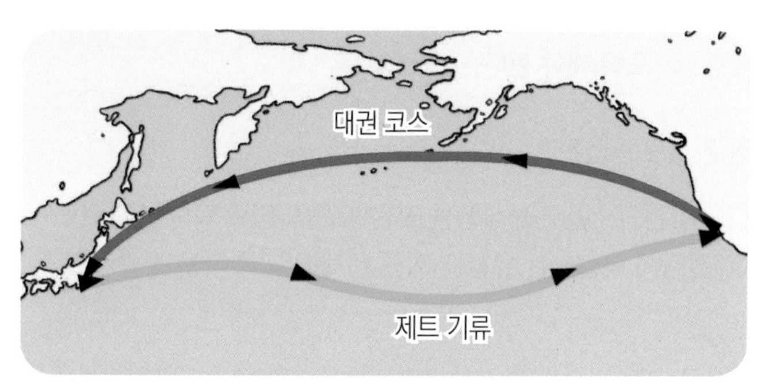

▲ 대권 코스와 제트 기류 코스

(1) 사이클로이드 곡선을 실생활에 적용하면 좋을 예를 찾아 이유와 함께 쓰시오. [2 점]

(2) 도쿄에서 LA 가는 여객선은 왜 최단거리로 운항이 가능한 대권 코스(Great Circle Route)가 아닌 제트 기류 코스(Jetstream Route)를 이용할지 쓰시오. [2 점]

(3) 다음 원뿔 위의 두 점 A 와 B 를 잇는 최단 경로를 그리시오. [3 점]

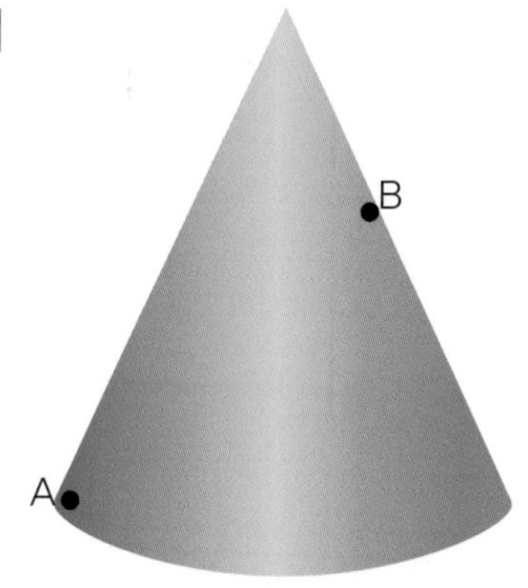

10. 다음 글을 읽고, 물음에 답하시오. [7 점]

유산균

유산균은 우리 몸을 건강하게 도와주는 작은 생물이다. 유산균은 장 속에 살면서 해로운 세균을 물리치는 성질이 있어 우리에게 도움을 주는 세균이다. 음식물의 소화를 도와주고 변비를 예방하며, 질병을 예방하는 효과가 있다. 장 속의 유산균의 수를 유지하기 위해 과일이나 채소를 많이 먹고, 운동을 하여 유산균이 활발하게 활동하도록 해야 한다.

좋은 유산균 고르는 법은?

유산균이 주성분인 건강기능식품을 고를 때는 다양한 사항을 고려해야 한다. 안강석 영양사는 유산균 제품 선택에 대해 다음과 같이 조언한다.

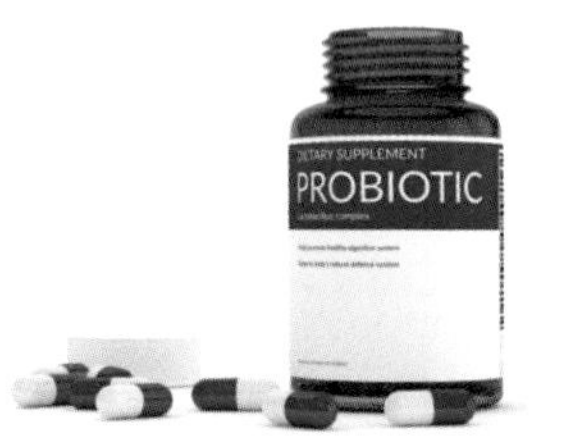

"우선 유산균 코팅 기술을 확인하세요. 유산균 캡슐이나 알약은 위산의 농도, 즉 pH 1.2 에서 쉽게 녹으므로 위산에 녹지 않고 장까지 도달할 수 있도록 코팅 기술을 적용했는지 확인해야 합니다. 특허 유산균을 함유하면 더욱 좋습니다. 일명 3 세대 유산균이라 불리는 특허 유산균은 CLP0611 처럼 균주 이름과 번호가 함께 쓰인다는 점을 기억하세요. 다음으로는 장에 도달한 유산균이 잘 정착하도록 유산균의 먹이가 되는 프리바이오틱스가 적절하게 배합된 신유산균 제품인지 확인하는 것도 중요합니다."

[발췌 : 20XX.02.21 하이닥]

소화의 전과정

소화관 / 영양소 / 소화액	입(pH7)	위(pH2)	소장(pH8.5)			
	침	위액	쓸개즙	이자액	장액	최종산물
탄수화물			엿당			포도당
단백질			작은 단백질			아미노산
지방						지방산 + 모노글리세리드

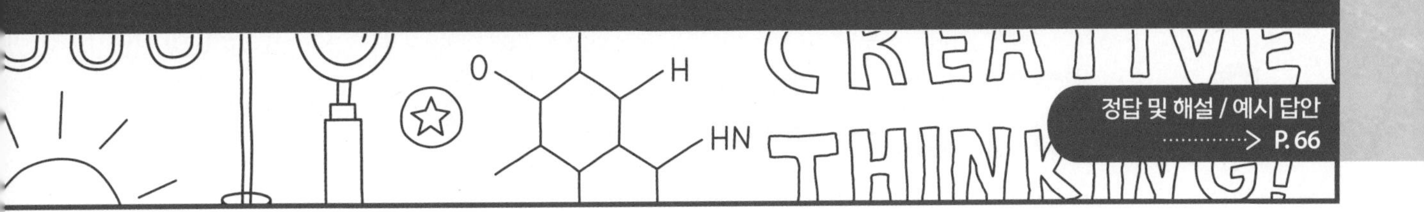

정답 및 해설 / 예시 답안 ·············> P. 66

(1) 약을 제조할 때는 약효를 나타낼 부위와 약효가 퍼질 시간을 고려하여 코팅한다. 소화의 전과정을 참고하여 유산균을 약으로 만들어 섭취하려면 유산균이 들어있는 캡슐이나 알약의 코팅은 어떤 물질로 해야 할지 이유와 함께 쓰시오. [4 점]

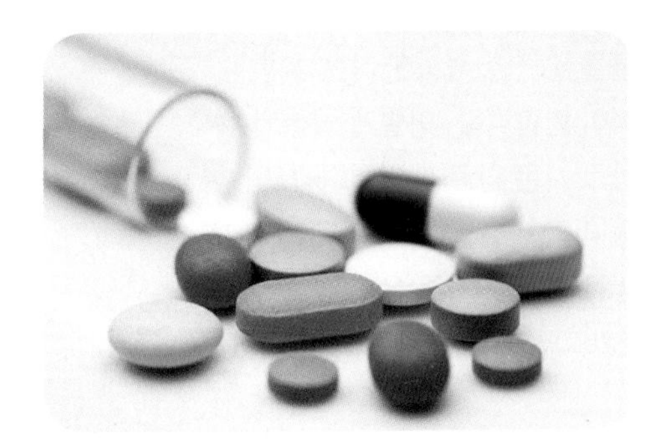

(2) 자신이 먹었던 약이나 주변 사람이 먹었던 약을 떠올려 그 약의 표면은 어떻게 코팅하면 좋을지 구상하고, 설명하시오. [3 점]

보기

- 코 감기약-

코 감기약을 먹을 때 너무 빨리 녹고 쓴맛이 났다. 맛을 숨기기 위해 설탕 코팅을 한다.

3 STEAM (융합)

11. 다음 글을 읽고, 물음에 답하시오. [7 점]

온도에 따라 색이 변하는 비밀, 시온 안료

차갑거나 뜨거운 물을 넣으면 색이 변하는 물통은 온도 변화에 따라 색이 변합니다. 이렇게 물통의 색이 변하는 이유는 바로 시온 안료 때문입니다. 이른바 '카멜레온 물감'이라고 불리는데, 온도에 따라 색상이 변하는 안료입니다. 기준 온도에 도달하면 색깔이 없어졌다가 다시 온도가 내려가면 원래로 돌아갑니다.

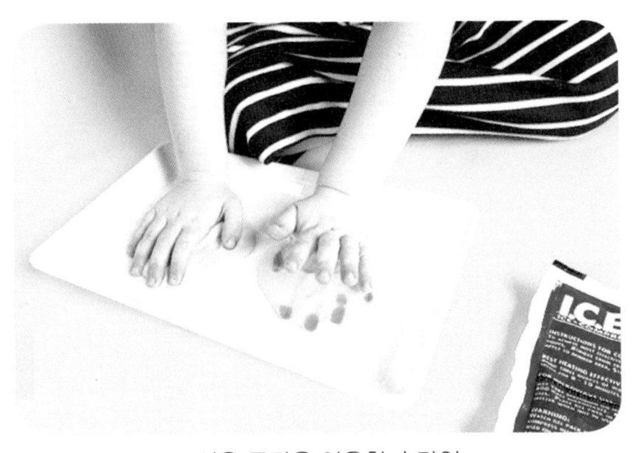

▲ 시온 물감을 이용한 슬라임

시온 안료가 이렇게 온도에 따라 색이 변하는 현상을 열변색성이라고 하는데요. 열변색성이 일어나는 원리는 마이크로 캡슐 안에 존재하는 고체 용매가 온도가 올라가면서 녹아 액체로 변하는 데 있습니다. 이때 색을 나타내는 두 물질이 분리되면서 투명하게 되고, 반대로 온도가 내려가면 다시 발색제와 현상액이 결합하여 원래의 색을 나타내는 것입니다. 즉, 시온 안료는 사실 투명해지거나 본연의 색을 표현하고 있는데요. 그럼에도 물통이 다양한 색상을 나타내는 것은 기준 온도가 서로 다른 다양한 시온 안료를 사용하여 온도에 따라 다양한 색상을 표현할 수 있기 때문입니다. 시온 안료가 투명해지면 기본 안료의 색상이 나타나도록 할 수도 있습니다. [발췌 : 20XX.09.02 세계일보]

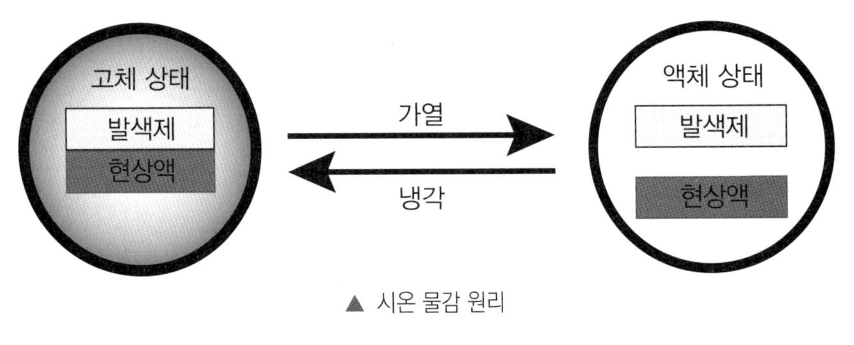

▲ 시온 물감 원리

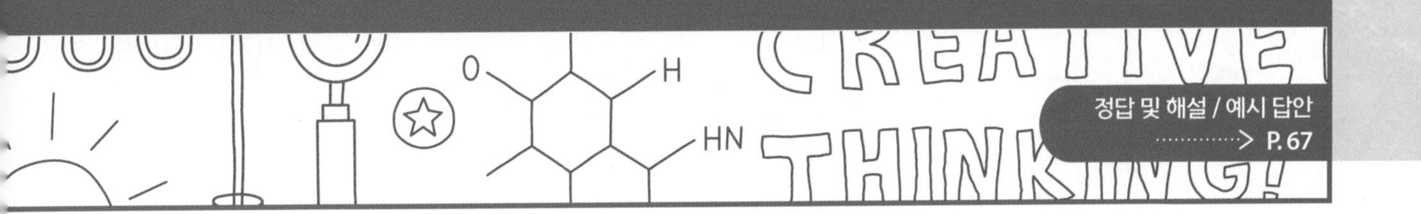

정답 및 해설 / 예시 답안
··············> P. 67

카멜레온 색 변화의 원리 '광 결정'...화려한 산업 성장 동력

실제 카멜레온과 문어 등등 몇몇 생물체는 '광 결정'을 이용해 자신의 피부색을 순식간에 변화하는 신통한 능력을 지녔다. 나노미터(10 억분의 1 m) 크기의 광 결정은 햇빛 중에서 특수한 빛만 반사해 색소 없이도 여러 빛을 내는 물질이다.

광 결정은 간격이 넓어지면 적색 계열로, 간격이 좁아지면 청색 계열로 색이 바뀌는데 이는 빛의 굴절과 반사가 달라지기 때문이다. 카멜레온뿐만 아니라 문어는 물론 화려한 나비의 날개도 층층이 쌓인 광 결정 구조가 있기에 빛을 반사해 여러 색과 기하학적 무늬를 나타내는 것으로 알려졌다. [발췌 : 20XX.11.25 시선 뉴스]

▲ 카멜레온

(1) 무한이는 비오는 여름날 길을 가다가 갓길에 있는 물웅덩이 위에 알록달록한 색이 있는 것을 보았다. 이렇게 색이 나타나는 현상은 시온 물감과 광 결정 중에 어떤 것이랑 비슷할지 쓰고, 왜 그런지 설명하시오. [4 점]

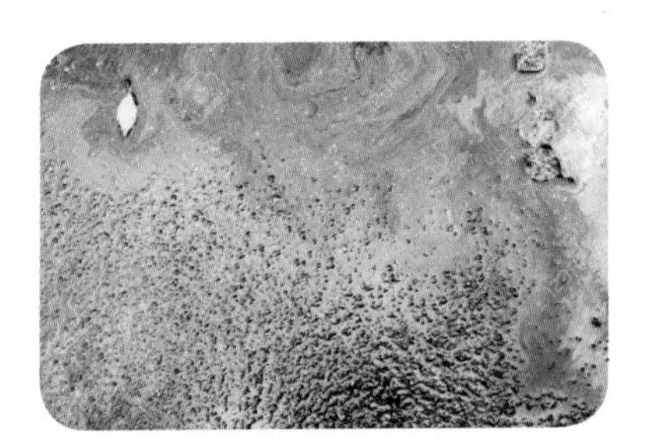

(2) 시온 물감과 광 결정을 이용해 아이들의 장난감을 만들었다. 각각의 장점과 단점에는 무엇이 있을지 쓰시오. [3 점]

	장점	단점
시온 물감		
광 결정		

3 | STEAM (융합)

12. 다음 글을 읽고, 물음에 답하시오. [8 점]

쌍둥이 출산율, 20 년 새 3 배 늘어나

쌍둥이가 대세인 적이 있었다. 예능 프로그램에는 연예인들의 쌍둥이 자녀가 출연을 하며 인기를 끌기도 했다. 당시 쌍둥이들이 연일 화제가 되면서 우리 주변에도 다태아가 많다고 느끼는 분위기였다. 최근 쌍둥이가 많이 태어났다. 지난 20 년간 전체 출생아 수는 점점 감소하면서도 쌍둥이 출생률은 꾸준히 증가하고 있는 추세다. 통계청이 발표한 '2013 년 출생 통계 결과'에 따르면 다태아는 1 만 4 천여 명으로 전체 출생아의 3%를 차지했다. 전체 출생아의 1% 를 차지하던 1991 년과 비교했을 때는 3 배 가까이 늘어난 셈이다.

일란성 쌍둥이와 이란성 쌍둥이

쌍둥이는 하나의 난자가 2 개 이상의 정자와 결합했을 때 태어나는 것일까? 많은 사람들이 그렇게 알고 있지만, 사실은 그렇지 않다. 하나의 난자가 2 개 이상의 정자와 동시에 결합한다면 유전자는 1.5 배 또는 2 배로 증가하여 비정상적인 상태가 되기 때문에 생명체가 생겨나지 않는다.

쌍둥이는 일란성과 이란성으로 구분할 수 있다. 일란성 쌍둥이는 1 개의 수정란이 분열하여 2 개의 세포가 되거나 2 개의 세포가 분열하여 4 개의 세포가 되었을 때 세포가 각각 독립된 개체로 자랐을 때를 말한다.

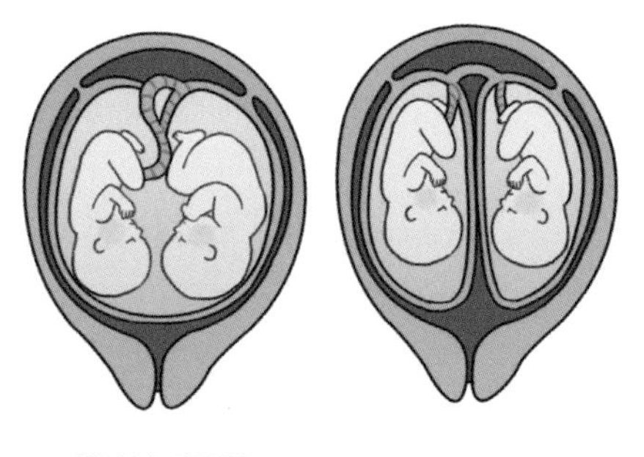

▲ 일란성 쌍둥이　　▲ 이란성 쌍둥이

일란성 쌍둥이는 성별뿐만 아니라 혈액형, 유전자가 동일하다. 이란성 쌍둥이는 한꺼번에 배란 된 2 개 이상의 난자가 각각 다른 정자와 수정되어 자란 것으로 유전자도 다르고 성도 다를 수 있다.

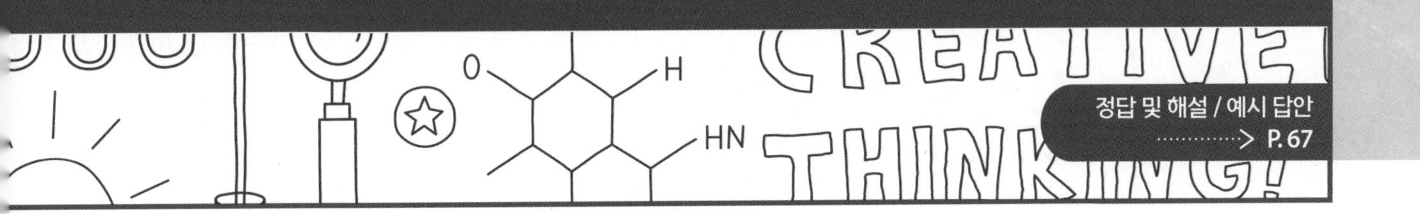

정답 및 해설 / 예시 답안
·············> P. 67

인공수정

인공수정이란 배란기에 남편의 정액을 받아 특수 처리를 한 후 가느다란 관을 통해서 자궁 속으로 직접 주입하는 시술을 말한다. 자연적으로는 대게 한 달에 한 번 난자가 배란 되지만, 약을 투여하여 여러 개의 난자가 배란 되도록 유도를 시행한 뒤 인공수정 시술을 진행한다.

(1) 일란성 쌍둥이는 복제 인간처럼 완전히 똑같은 사람일지 아니면 다른 사람일지 쓰고, 그렇게 생각한 이유를 쓰시오. [4 점]

(2) 인공수정을 통해 임신한 산모의 쌍둥이는 일란성 쌍둥이와 이란성 쌍둥이 중 어떤 쌍둥이의 비율이 더 클지 이유와 함께 쓰시오. [4 점]

13. 다음 글을 읽고 질문에 답하시오.

한 스승이 바구니 안에 꽃을 담고 제자에게 물었다.

"이것이 무슨 바구니인가?"

제자들은 너무나 당연하다는 듯이 꽃바구니라고 답했다. 그러자 스승은 이번에는 쓰레기를 바구니에 담고 물었다.

"그럼 이것은 무슨 바구니인가?"

"스승님, 그것은 쓰레기 바구니입니다."

그러자 스승은 이렇게 물었다.

"그래 너희 말처럼 똑같은 바구니도 어떤 것을 담느냐에 따라 달라진다. 그러면 너희는 무엇을 담고 있느냐?"

위 이야기의 교훈을 말해 보시오. [4 점]

14. 달과 수성이 서로 다른 점이 무엇인지 말해 보시오. [6 점]

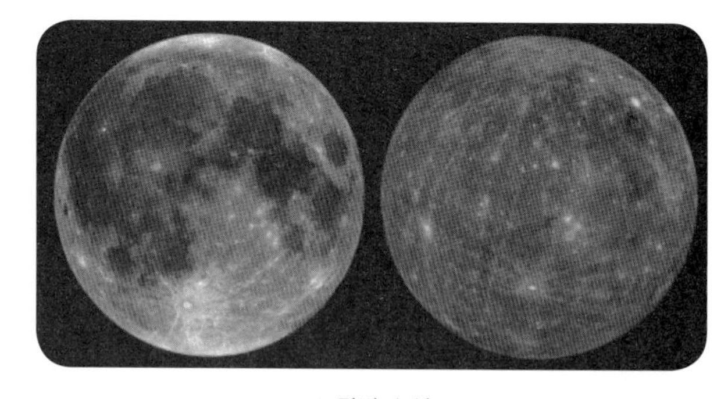

▲ 달과 수성

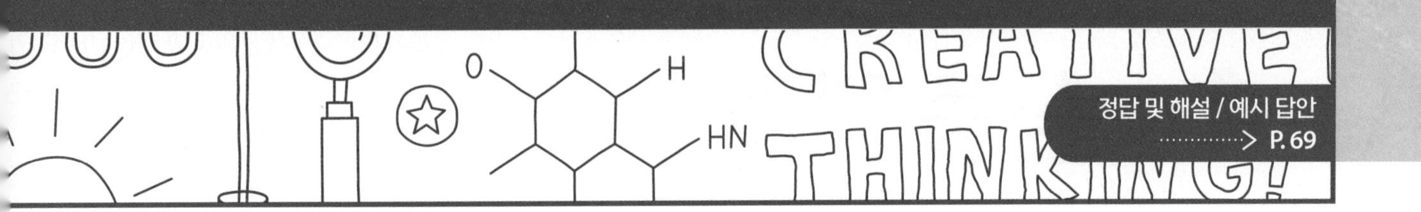

정답 및 해설 / 예시 답안
> P. 69

15. 다음 글을 읽고 질문에 답하시오.

인천공항 환경미화원 노씨가 '동탑산업훈장'을 수여받아 이슈가 되고 있다. 동탑산업훈장은 국가 산업발전에 크게 기여한 사람에게 수여하는 훈장으로, 이번에 환경미화원으로서는 최초의 수상이라는 점에 눈길이 쏠리고 있다.

노 씨의 주업무는 밤 10 시 부터 오전 7 시 까지 바닥 왁스 칠과 에스컬레이터 손잡이를 닦고 무빙워크의 이물질을 제거하는 일로 10 년 동안 꾸준히 일을 해왔다. 또한, 노씨는 잃어버린 돈 가방을 찾아주거나, 지갑을 분실한 사람에게 차비를 주기도 하는 등의 선행을 펼치기도 하였다. 이와 같은 노 씨의 행동이 인천공항 서비스 품질을 높인 데 크게 기여하였다는 평가를 받았다.

환경미화원 노씨의 행동이 왜 훌륭한지 써보시오. [4 점]

16. 학급 반장인 무한이는 친구들을 모아 다른 반 친구들과 함께 축구 시합을 하기로 약속했다. 그런데 축구 시합 당일날 학교 임원 회의가 있다는 것이 생각났다. 자신이 무한이라면 이 상황을 어떻게 해결했을지 말해 보시오. [5 점]

4 | 심층 면접

17. 다음 글을 읽고 질문에 답하시오.

인공지능(AI)은 컴퓨터에서 인간과 같이 사고하고 생각하고 학습하고 판단하는 논리적인 방식을 사용하는 인간지능을 본뜬 고급 컴퓨터프로그램을 말한다. 유럽의 바둑 챔피언을 꺾은 구글의 인공지능 알파고가 2016 년 3 월 바둑 기사 이세돌에게 도전장을 내밀며 연일 매스컴에 오르내리기도 했다
인공지능은 우리 대다수의 사람이 하고 있는 가장 반복적이고 지루한 작업을 대신 해 줄 것이기 때문에 인간에게 더욱 편리한 미래를 제시할 것이다. 하지만 이와 반대로 점차 발전해가는 인공지능(AI)이 인간의 일자리를 빼앗고 인간을 지배하지는 않을지에 대한 우려도 커지고 있다.

미래의 인공지능에게 반복적이고 지루한 작업을 대신 시키는 것에 대해 어떤 입장을 선택할지 자신의 의견과 선택한 이유를 쓰시오. [5 점]

18. '행복은 성적 순이 아니다.' 라는 말이 있다. 이 말에 대해 어떻게 생각하는지 말해 보시오. [5 점]

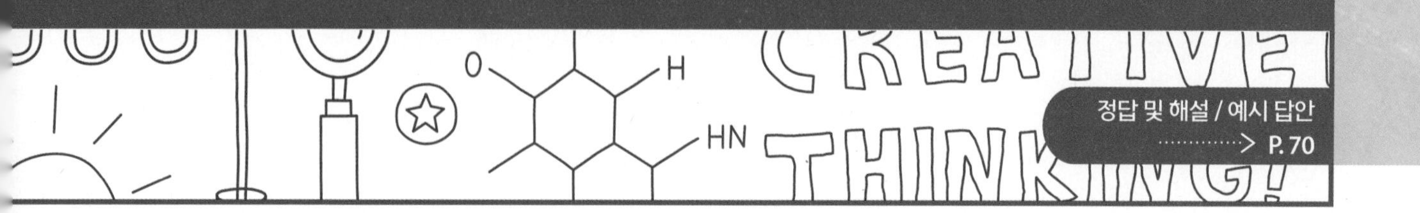

정답 및 해설 / 예시 답안
............> P. 70

19. 다음 글을 읽고 질문에 답하시오.

노키즈존은 음식점, 카페 등에서 어린이의 출입을 금지하는 곳을 의미하는 신조어다. 2011 년 발생한 한 사건이 노키즈존 확산의 계기가 되었다. 당시 한 식당서 뜨거운 물이 담긴 그릇을 들고 가던 종업원과 부딪힌 10 세 어린이 손님이 화상을 입었고, 법정 공방 끝에 2013 년 부산지법은 식당 주인과 종업원에게 4100 만 원을 배상하라고 판결했다.
법원은 10 세 어린이 부모의 책임을 30 % 로, 식당 주인과 종업원의 책임을 70 % 로 봤다. 이 일을 계기로 노키즈존을 실시하는 식당 등 상점이 크게 늘었다.
이런 가운데 2017 년 국가인권위원회는 "'노키즈존'식당 운영은 '나이를 이유로 한, 합리적인 이유가 없는 차별 행위'"라는 판단을 내렸다. 국가 인권위원회는 아동이 차별받지 않을 권리가 영업의 자유보다 우선한다고 봤다.

윗글에서 식당 주인과 어린이의를 모두 만족시킬 방법에는 무엇이 있을지 말해 보시오. [6 점]

20. **영재의 반에는 과학 공부는 하기 싫어하고, 매일 역사 공부만 하는 친구가 있다. 영재는 과학 공부도 해야 한다고 친구에게 말했는데, 친구는 과학 공부를 해서 어디에 쓰냐며 영재의 말을 듣지 않았다. 자신이 영재라면 어떻게 친구가 과학 공부를 좋아하도록 할지 쓰시오. [4 점]**

memo

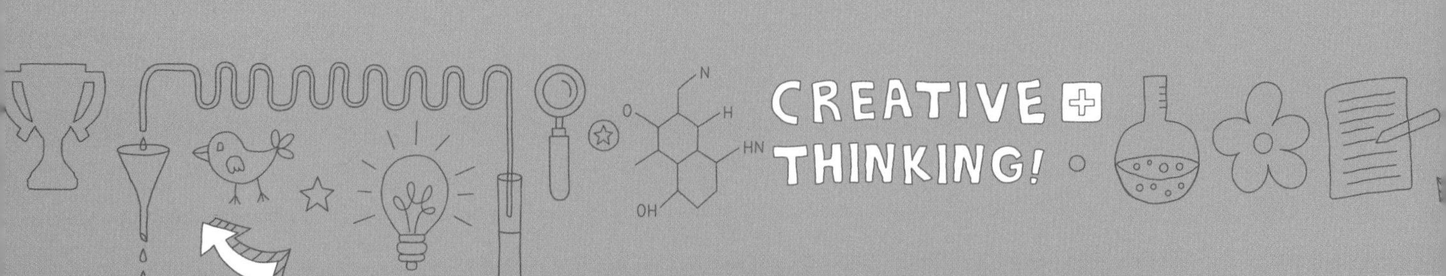

무한상상

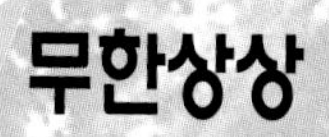
무한상상

무엇부터 할까?
친구들 안녕!

아이앤아이

영재교육원 대비 꾸러미120제

정답 및 해설

예시 답안

과학 초등4~5

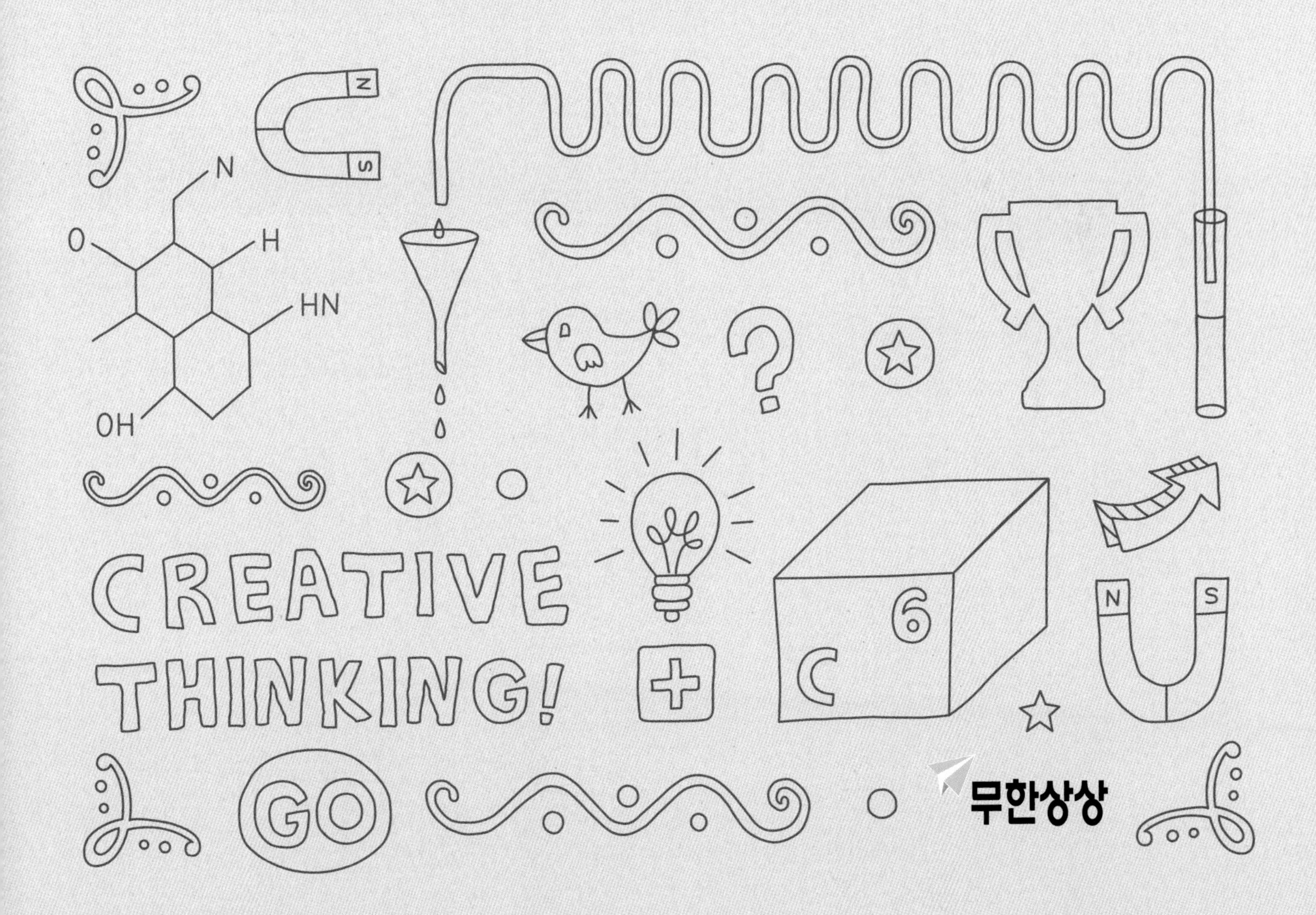

무한상상

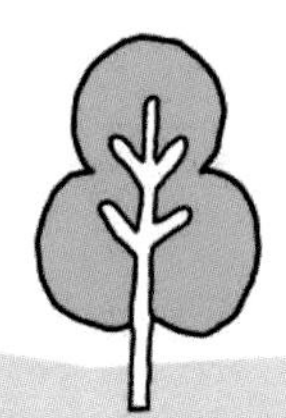

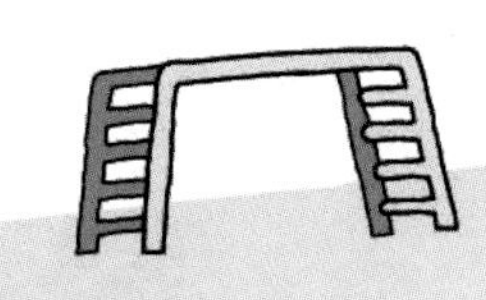

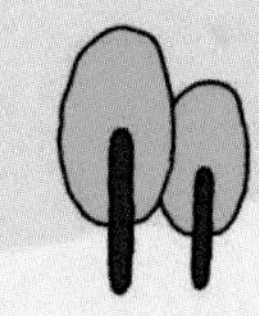

영재교육원 대비 꾸러미 120제

정답 및 해설

예시 답안

과학 초등4~5

▶ 나의 문제 해결력이 맞는지 체크하고 창의력 점수를 매겨보자.

무한상상

1 일반 창의성

총 20 문제입니다. 문제 배점은 각 문항별 평가표를 참고하면 됩니다. / 단원 말미에서 성취도 등급을 확인하세요.

문항 분석 및 평가표

⟶ **문항 분석 :** 자신이 생각하는 하트모양을 정사각형 3개로 그립니다. 하트모양은 심장의 모양 본떠 만든 것이므로, 정사각형 3개로 대정맥 혹은 대동맥, 심방, 심실을 나타낼 수도 있습니다. 또한, 모양을 만들 때 변과 변을 맞닿게 해야 한다는 생각을 버리고, 정사각형을 겹쳐서 모양을 만드는 것도 좋습니다. (유창성, 독창성)

⟶ **평가표 :**

3 개 이하 그린 경우	3 점
4 개 이상 그린 경우	5 점

출제자 예시 답안

⟶

①
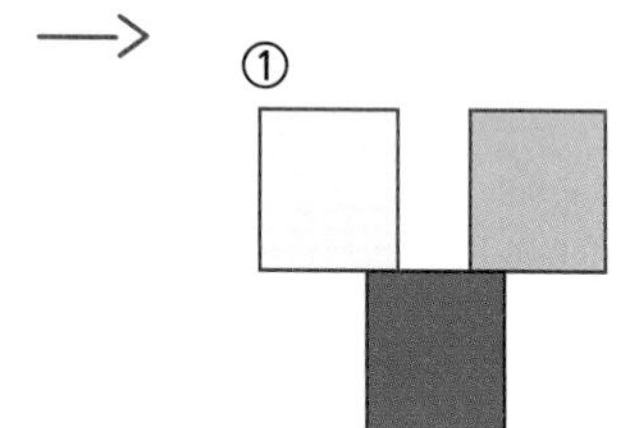

②
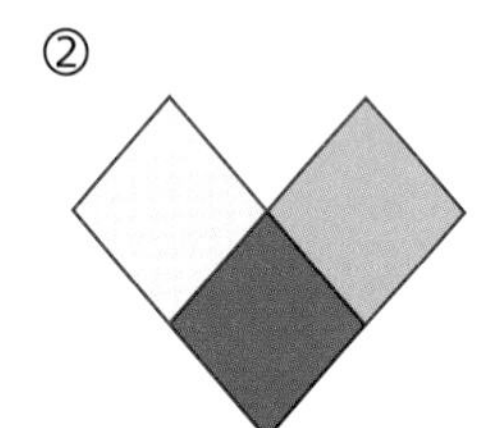

③
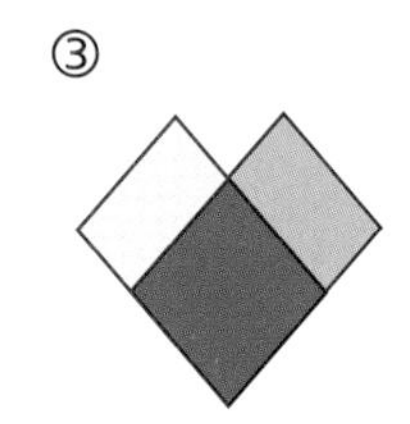

④
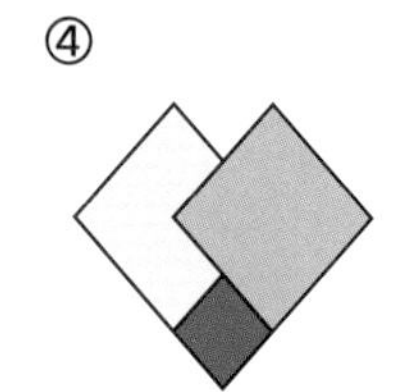

⑤
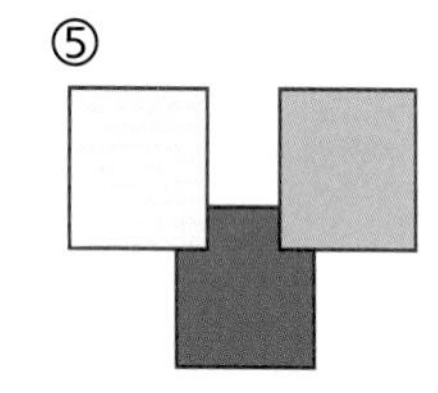

⑥
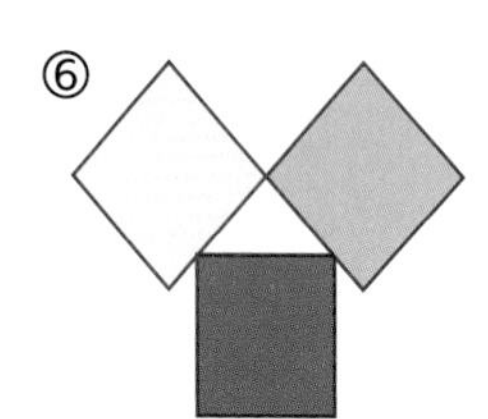

⑦
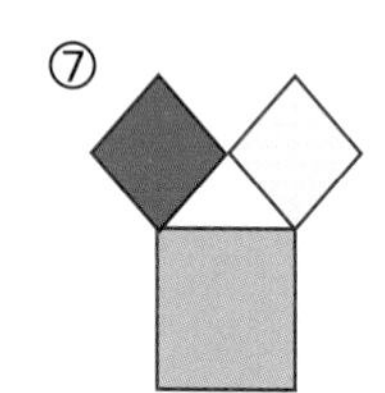

⑧
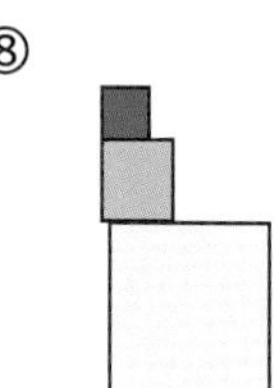

⟶ **해설 :** ⑧ 하트(heart)는 심장을 뜻하는 영어단어이므로, 사각형 세 개로 심장 모양을 만든 것입니다.

문항 분석 및 평가표

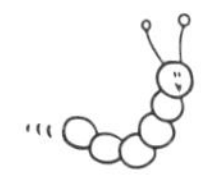

⟶ **문항 분석 :** 참신한 예시를 얼마나 많이 생각해 내는지를 평가하는 문항입니다. 스포츠뿐만 아니라 음악, 과학, 문학 등 다양한 분야에서 찾을 수 있는 숫자의 예를 들면 더 높은 점수를 받을 수 있습니다. (융통성, 정교성)

⟶ **평가표 :**

10까지 모두 적지 못한 경우	3 점
10까지 모두 적은 경우	5 점
조건에 맞는 예 중 재미있고 다양한 예를 든 경우	+1 점
총합계	6 점

출제자 예시 답안

수	수가 사용되는 예
1	- 우리나라 아기는 태어나자마자 1 살이다. - 농구의 자유투는 한 번당 1 점이다. - 1 년의 시작은 1 월 1 일이다. - 지구에는 위성이 오직 1 개 있는데, 그것이 달이다.
2	- 지구의 극점은 북극점과 남극점 2 개이다. - 서울에서 도쿄까지는 비행기로 대략 2 시간 걸린다. - 손이 2 개가 있어야 손뼉을 칠 수 있다.
3	- 빨강, 파랑, 초록은 빛의 3 원색이다. - 돼지고기 중 비계와 살이 3 겹으로 되어 있는 것처럼 보이는 것을 삼겹살이라고 한다. - 우리나라에서 2000 년 이후에 태어난 남자는 주민등록번호 일곱번째 자리가 3 이다.
4	- 야구경기에서는 4 개의 베이스를 모두 밟고 홈으로 들어와야 점수를 얻는다. - 첼로와 바이올린은 4 개의 현으로 되어있다. - 바이올린 두 개, 비올라, 첼로가 함께 연주하는 것을 현악 4 중주라고 한다. - 지구 내부는 지각, 맨틀, 외핵, 내핵의 4 개의 층으로 이루어져 있다. - 우리나라에서 2000 년 이후에 태어난 여자는 주민등록번호 일곱번째 자리가 4이다. - 월드컵은 4 년에 한 번씩 열린다.
5	- 카시오페아 자리는 5 개의 별로 되어있다. - 무궁화는 꽃잎이 5 개이다. - 농구는 5 명이 한 팀을 이룬다. - 태평양, 대서양, 인도양, 남극해, 북극해를 5 대양이라고 한다. - 한국에서 정월 대보름에는 5 개의 곡물로 지은 오곡밥을 먹는다. - 악보는 5 개의 줄이 그어진 오선지에 작성한다.
6	- 배구는 6 명이 한 팀을 이룬다. - 대륙은 아시아, 아프리카, 북아메리카, 남아메리카, 오세아니아, 유럽으로 나누며, 이를 6 대륙이라고 한다. - 우리나라는 인천, 대전, 부산, 울산, 대구, 광주 6 개의 광역시가 있다.
7	- 서양 음계는 도, 레, 미, 파, 솔, 라, 시 7 개의 음계로 이루어져 있다. - 우리나라 주민등록번호는 생년월일과 7 개의 숫자로 이루어져 있다.
8	- 체스판은 가로 8 줄, 세로 8 줄로 이루어져 있다. - 동, 서, 남, 북, 북동, 북서, 남동, 남서 8 방위가 있다. - 태양계의 행성은 8 개이다. - 모든 일에 능통한 사람을 일컬어서 '8 방미인' 이라고 한다. - 한반도는 강원도, 경기도, 경상도, 전라도, 충청도, 평안도, 황해도, 함경도 8 도로 나뉜다. - 영어는 명사, 대명사, 동사, 형용사, 부사, 접속사, 전치사, 감탄사 8 개의 품사로 이루어져 있다.

9	- 한국어는 명사, 대명사, 수사, 동사, 형용사, 관형사, 부사, 조사, 감탄사 9 개의 품사로 이루어져 있다. - 한국 전설에 꼬리가 9 개가 달린 여우가 나오는데, 이를 구미호라고 한다.
10	- 볼링핀의 수는 10 개이다. - 오징어의 다리는 10 개이다. - 10 월 10 일 중화민국 건국 기념일은 쌍10절이라고 한다.

문항 분석 및 평가표

→ **문항 분석 : 물건의 다양한 쓰임새에 관한 문항은 자주 출제됩니다. 물건의 모양과 재료의 특징을 떠올리며, 새로운 쓰임새를 생각해 보면 좋습니다. 자신의 경험을 떠올려 답하는 것도 좋은 방법입니다. (유창성, 융통성)**

→ **평가표 :**

3 가지 이하 쓴 경우	2 점
4 가지 이하 쓴 경우	3 점
5 가지 이상 쓴 경우	4 점

출제자 예시 답안

→ ① 시험 문제를 풀 수 있다.
② 연필의 반듯하고 긴 부분을 이용하여 자처럼 대고 긴 직선을 그릴 수 있다.
③ 불을 피울 때 연료로 사용할 수 있다.
④ 머리에 꽂아 비녀로 사용할 수 있다.
⑤ 모래에 연필을 꽂아 연필 그림자를 보며 시간을 알 수 있다.
⑥ 개미가 물을 건너는 다리로 이용할 수 있다.
⑦ 연필을 파내면 조각품이 된다.
⑧ 좁은 틈 사이에 끼어있는 것을 빼내는 데에 사용할 수 있다.
⑨ 화살로 사용할 수 있다.
⑩ 손가락 묘기를 부릴 수 있다.
⑪ 나무집을 만들 수 있다.
⑫ 연필의 각 면에 숫자를 쓰면, 주사위로 쓸 수 있다.
⑬ 맷돌의 손잡이로 쓸 수 있다.

문항 분석 및 평가표

→ **문항 분석 : 아이가 놀란 이유가 독창적일수록 높은 점수를 받습니다. 또한, "온수관이 파열돼서 놀랐다." 보다는 "창 밖을 보니 온수관이 파열돼서 뜨거운 김이 나고 있었고, 땅이 꺼지며 자동차가 떨어져서 깜짝 놀랐다." 처럼 구체적으로 답변하는 것이 높은 점수를 받을 수 있습니다. (독창성, 정교성)**

→ **평가표 :**

구체적이지 않고 간단한 답을 쓴 경우	2 점
구체적으로 상황을 잘 표현한 답을 쓴 경우	4 점

출제자 예시 답안

→ ① 공부하다가 언뜻 창문 쪽을 보니 하얀 연기가 보였다. 도로의 온수관이 파열돼서 나오는 뜨거운 김이었다. 온수관이 파열돼 땅이 꺼지고, 그곳으로 자동차가 떨어져서 깜짝 놀랐다.
② 아버지께서 집 앞 잔디에 물을 주고 있었는데, 햇빛이 강해 무지개가 생겼다. 신기해서 놀랐다.
③ 한 가족이 건너편 집에 새로 이사를 왔다. 어떤 가족일지 궁금해 창문으로 봤는데, 같은 반 친구 가족이어서 깜짝 놀랐다.
④ 아침에 5 분만 더 자려고 눈을 감았는데, 창밖을 보니 해가 중천에 떠 있었다. 학교를 가야 하는데 등교 시간이 훌쩍

지나버려 깜짝 놀랐다.

⑤ 초인종 소리가 들려 창문 밖을 내다봤더니, 택배 아저씨가 오셨다. 모자를 푹 눌러 쓰고 계셔서 범죄자인 줄 알고 깜짝 놀랐다.

문 05
P. 15

문항 분석 및 평가표

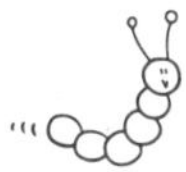

—> **문항 분석 :** 주어진 재료를 사용하여 어떤 소리를 낼지 생각해봅시다. 혹은 주어진 재료는 주변의 어떤 소리와 닮아 있는지 답변해 봅시다. 평소에 주변 사물에 호기심을 갖고, 관찰하는 것이 유사한 문항이 나왔을 때 답변하는 데에 도움이 됩니다. (독창성, 정교성)

—> **평가표 :**

3 가지의 재료를 모두 사용하지 못한 경우	3 점
3 가지의 재료를 모두 사용해 적절한 소리를 표현한 경우	5 점
재료를 창의적으로 이용하여 소리를 표현한 경우	+1 점
총합계	6 점

출제자 예시 답안

—> ① 셀로판 테이프를 조금씩 떼어내 뭉쳐서, 새끼손가락 손톱만 한 크기의 공을 만든다.

② 페트병을 반으로 자르고, 반으로 자른 페트병에 ① 에서 만든 셀로판 테이프 공을 넣는다.

③ A4 용지로 페트병의 잘린 부분을 덮는다.

④ 고무줄을 이용해 A4 용지를 가능한 한 팽팽하게 고정한다.

⑤ A4 용지로 감싼 페트병을 흔들면, 우박이 내리는 날 우산에 우박이 떨어지는 소리가 난다

문 06
P. 16

문항 분석 및 평가표

—> **문항 분석 :** 모래를 가지고 놀았던 기억을 떠올리며, 모래의 성질을 생각해 봅시다. 모래에 관련된 노래나 속담에는 어떤 것이 있을지도 생각해 봅니다. (유창성)

—> **평가표 :**

2 개의 문제를 만든 경우	3 점
3 개 이상의 문제를 만든 경우	4 점

출제자 예시 답안

—> ① 돌이 계속된 풍화작용으로 인해 작은 알갱이로 변했다. 이 작은 알갱이를 뭐라고 하는가?

② 복싱 선수들은 '샌드백' 이라고 하는 '이것' 이 들어있는 주머니로 연습을 한다. '이것' 은 무엇일까?

③ 사막에서는 일반적으로 많이 볼 수 있는 것은?

③ '이것'은 아이들이 바닷가에서 자주 이용하는 놀이 재료이다. 물과 '이것' 을 이용해 성을 만들기도 한다. '이것' 은 무엇일까?

④ 추운 겨울 빙판길에서 미끄러지지 않기 위해서 염화칼슘 이외에 '이것' 을 주로 뿌린다.'이것' 은 무엇일까?

⑤ 중국에서 불어오는 황사는 '이것' 과 먼지로 이루어져 있다. '이것' 은 무엇일까?

문 07
P. 16

문항 분석 및 평가표

—> **문항 분석 :** 6 월은 어떤 계절이며, 어떤 곤충의 소리를 들을 수 있는지 생각해 봅니다. 또한, 오전 11 시에는 밖에서

차 소리가 많이 들리는지, 적게 들리는지, 주로 어떤 차의 소리가 들리는지 떠올립니다. 학교 안에서는 어떤 소리가 들릴지 생각하고 답변해 봅니다. 무한이의 기분을 고려하여, 내가 무한이라면 어떤 소리를 들을지 상상하는 것도 창의적인 답이 될 수 있습니다. (유창성, 독창성)

—> **평가표 :**

4 가지 이하 쓴 경우	3 점
5 가지 이상 쓴 경우	5 점

출제자 예시 답안

—>
- 친구들이 문제 풀 때 나는 연필 소리
- 펜과 샤프의 딸깍거리는 소리
- 문제지를 넘기는 소리
- 지우개로 틀린 부분을 지우다가 시험지가 찢어지는 소리
- 매미 소리
- 에어컨이나 선풍기가 돌아가는 소리
- 내 심장 소리
- 복도 밖을 지나가는 선생님 발걸음 소리
- 친구가 시험문제에 대해 선생님께 질문하는 소리
- 손 부채질 하는 소리
- 친구가 한숨 쉬는 소리
- 화장실의 물 내려가는 소리
- 형광등 소리
- 시험지를 다 푼 친구가 엎드리는 소리
- 친구가 코 고는 소리
- TV 의 모니터 소리
- 선생님의 컴퓨터 소리
- 바람이 불어 커튼이 움직이는 소리
- 초침 소리
- 내 숨소리

문항 분석 및 평가표

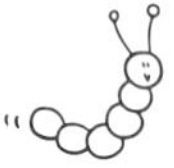

—> **문항 분석 :** 과자 봉지의 용도, 생김새, 질감을 생각하며 비슷한 특징을 가지는 사물을 생각해 보면 다양한 답을 떠올리기 쉽습니다. (유창성, 독창성)

—> **평가표 :**

8 가지를 모두 쓰지 못한 경우	2 점
8 가지 모두 쓴 경우	6 점

출제자 예시 답안

물건	공통점
밀폐용기	음식을 담아서 가지고 다니며 먹을 수 있다.
코트	과자 봉지 겉면은 코트처럼 무늬나 모양이 있고, 과자 봉지 안면은 은박지 그대로여서 코트의 안감 같다.
냉장고	과자 봉지 안에는 질소가 들어있어, 과자를 바삭하게 유지해 준다. 냉장고는 음식이 상하지 않도록 유지해 준다.
김치냉장고	과자 봉지를 여는 순간 과자 냄새가 풍겨온다. 김치냉장고는 여는 순간 김치 냄새가 풍겨온다.
선물 상자	안에 들어있는 내용물 때문에 내 마음이 두근두근하다.
게	게는 크기에 비해 먹을 것이 적다. 과자 봉지 안에도 먹을 수 없는 공기가 많고, 과자는 적다.
스마트폰	스마트폰을 많이 보고 있으면 엄마께 꾸중을 듣는다. 과자도 많이 먹으면 엄마께 꾸중을 듣는다.

화장품	과자 봉지 뒷면을 보면 화장품처럼 알 수 없는 화학 성분이 적혀있다.
튜브	기체가 차 있어, 물에 둥둥 뜬다.
톱	과자 봉지의 접착 부분은 뜯기 쉽게 톱처럼 뾰족뾰족하다.

문 09
P. 18

문항 분석 및 평가표

—> **문항 분석 : 작은 그릇에 담겨 있는 쌀알 수를 세서, 큰 포대의 쌀알이 몇 개일지 가늠하는 방법은 많이 쓰입니다. 이 방법을 이용해서 많은 사람의 수 나, 큰 부피와 질량도 가늠할 수 있습니다. (유창성, 융통성)**

—> **평가표 :**

(1) 번 가정을 모두 쓴 경우	2 점
(2) 번 4 가지를 모두 쓴 경우	3 점
총합계	5 점

정답 및 해설

—> **정답 : (1) ① 쌀알의 크기는 모두 같다.**
② 쌀알이 일정한 간격으로 떨어져 있다.
③ 한 홉, 한 되, 한 말, 한 가마니에는 모두 같은 수의 쌀알이 들어있다.
④ 모두 정확하게 10 배씩이다.
⑤ 쌀알만이 들어있다.

(2) ① 서울의 인구수
1 km^2 의 땅에 몇 명이 사는지 조사한다. 서울 땅의 면적은 약 605 km^2 이므로,
(1 km^2 에 사는 사람 수) × (서울 땅의 면적) 을 하면, 서울의 인구수를 알 수 있다.
② 머리카락 수
1 cm^2 의 두피에 몇 개의 머리카락이 있는지 세고, 두피는 총면적은 몇 cm^2 인지를 측정한다.
(1 cm^2 의 머리카락 수) × (두피의 면적) 을 하면, 머리에 대략 몇 개의 머리카락이 있는지 알 수 있다.
③ 8 월 부산 해수욕장에 입장한 사람 수
8 월에 부산 해수욕장에는 1 m^2 당 몇 명의 사람이 있는지 센다.
(해수욕장 1 m^2 당 사람 수) × (해수욕장 면적) 하여, 해수욕장에 입장한 사람의 수를 구한다.
④ 50 mL 요구르트에 들어있는 유산균의 수
요구르트 1 mL 에 몇 개의 유산균이 들어있는지 측정한다.
(1 mL 에 들어있는 유산균 수) × (요구르트의 용량) 을 하면 요구르트 50 mL 에 몇 개의 유산균이 있는지 알 수 있다.

문 10
P. 19

문항 분석 및 평가표

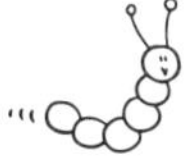

—> **문항 분석 : 외계 생명체는 인간의 크기를 알지 못합니다. 칼세이건은 우주선과 인간의 크기를 비교하여, 외계인이 인간의 크기를 가늠할 수 있도록 그림을 그렸습니다. 내가 칼세이건이라면 인간의 크기를 어떻게 알려줄 것인지 창의적이고 합리적으로 생각하여 그림을 그려 봅시다. (독창성, 정교성)**

—> **평가표 :**

대상의 특징을 표현한 경우	4 점
대상의 특징을 잘 설명하고, 크기 비교까지 한 경우	6 점

출제자 예시 답안

→ 정답 :

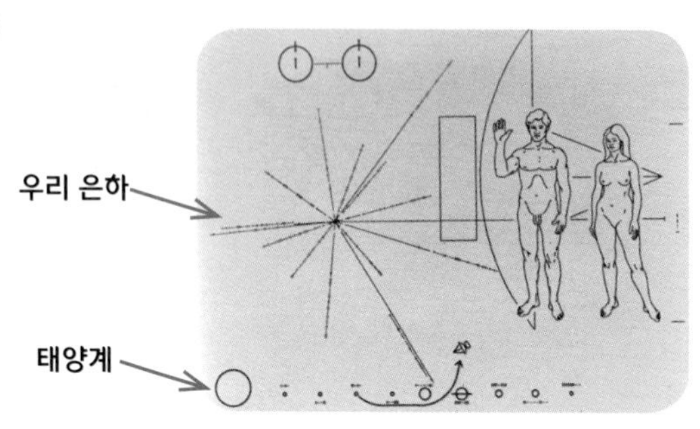

◀ 실제 칼 세이건의 그림
(태양계에 인간이 있다는 것을 알려주는 그림)

◀ 태양계에서 지구의 위치와 지구의 환경, 사람의 크기를 표현한 그림

문항 분석 및 평가표

→ 문항 분석 : 체중계 위에서 몸을 움직이면, 체중계의 눈금이 변하기 때문에 체중을 정확하게 측정할 수 없습니다. 그래서 과학자들은 움직이는 쥐의 체중을 잴 때 여러 가지 방법을 사용한다고 합니다. 그중 하나는 쥐를 체중계에 올려놓고, 쥐의 눈앞에 손을 갖다 대는 것입니다. 그러면 쥐는 자신의 눈 앞에 있는 손이 궁금해 잠시 동안 가만히 있는다고 합니다. 과학자들이 쥐의 행동 특성을 이용해 체중을 잰 것처럼 강아지의 행동 특성을 생각하여 체중을 재는 방법을 생각해 봅시다. (유창성, 정교성)

→ 평가표 :

타당한 방법을 1 개 생각한 경우	3 점
타당한 방법을 2 개 이상 생각한 경우	5 점

출제자 예시 답안

→ - ① 보자기와 스탠드 옷걸이 무게를 잰다.
② 보자기로 고리를 만들어 강아지 배를 감싸듯이 건다.
③ 보자기 고리를 스탠드 옷걸이에 걸어 매달려있는 강아지의 무게를 잰다.

- ① 강아지에게 "가만히 있어"라고 말하고, 가만히 있으면 먹이를 주어 움직이지 않는 훈련시킨다.
② 강아지를 체중계에 앉히고 "가만히 있어"라고 말한다.
③ 강아지가 가만히 있을 때 몸무게를 잰다.

- ① 강아지가 깔고 자는 쿠션의 무게를 잰다.
② 쿠션을 체중게 위에 둔다.
③ 강아지가 쿠션 위에서 잠잘 때 무게를 잰다.

- ① 강아지 케이지와 간식 무게를 잰다.
② 강아지 케이지에 간식과 강아지를 넣고 무게를 잰다.

문항 분석 및 평가표

—> 문항 분석 : 우리는 종이를 깔끔하게 자를 때 주로 가위나 칼을 이용합니다. 가위는 칼처럼 날카로운 날을 가지고 있어서 깔끔하게 잘리는 걸까요? 그 이유도 있지만, 가위는 '전단 응력'의 원리를 이용한 물건입니다. 날에 해당하는 부분이 비껴있으면, 그 부분이 종이를 자를 수 있는 힘이 생기게 되는 원리입니다. (유창성, 정교성)

—> 평가표 :

방법을 1 개 쓴 경우	2 점
방법을 2 개 쓴 경우	3 점
방법을 3 개 이상 쓴 경우	5 점

출제자 예시 답안

—> ① 자 두 개를 꽉 붙여 가위처럼 엇갈리게 든다, 그리고 가위처럼 자 두 개로 종이를 자른다.
② 자를 이용해 자를 부분에 선을 긋고, 그린 선을 따라 펜으로 꾹 누르면서 긋는다. 펜의 잉크 때문에 종이가 연해지고, 펜이 뾰족해 금방 잘린다.
③ 종이를 접어 손톱으로 꽉꽉 눌러, 종이를 연하게 해서 손으로 찢듯이 자른다.
④ 종이에 침을 묻혀서 종이를 부드럽게 하고, 손으로 찢듯이 자른다.
⑤ 자를 종이에 대고, 자의 모서리를 따라 종이를 찢듯이 자른다.

문 13
P.21

문항 분석 및 평가표

—> 문항 분석 : 친구들과 선생님께 복제인간인 것을 들킨다면 그 이유가 무엇일지 예상해 보고, 어떤 충고를 할지 생각해 봅시다. 친구들의 이름을 모르는 경우나 자신의 출석 번호를 몰라 들킬 수 있습니다. 이런 위기를 피해 갈 수 있는 충고 세 가지는 어떤 것이 있을까요? (융통성, 정교성)

—> 평가표 :

충고 1 가지를 쓴 경우	3 점
충고 2 가지를 쓴 경우	4 점
충고 3 가지를 쓴 경우	5 점

출제자 예시 답안

—> - ① 내 이름은 무한이야.
② 나는 5 학년 1 반이야.
③ 오늘 가서 아픈 척을 해.
- ① 아무에게도 눈길을 주지마.
② 아무랑도 말 하지 마.
③ 내 출석 번호는 11 번이야.
- ① 학교는 지도 앱에 표시해 놨으니깐 따라가.
② 학교 정문에서 가만히 서 있으면 친구들이 아는 척을 할 거야.
③ 친구들이 말을 걸면 기억상실증에 걸린 척을 하고 따라다녀.

문항 분석 및 평가표

→ 문항 분석 : 동물원은 우리가 일상생활에서 볼 수 없는 동물들을 볼 기회를 제공하고, 멸종위기에 놓인 동물을 보호하는 역할을 합니다. 동물원이 사라진다면 어떻게 동물을 보고, 멸종위기에 놓인 동물을 보호할 수 있을지 생각해 봅시다. VR이나 3D TV 등 최신 기술을 이용하는 방법도 생각해 보면 좋습니다. (유창성, 정교성)

→ 평가표 :

자신의 입장을 말했으나, 동물원 대체 방법을 쓰지 못한 경우	2 점
자신의 입장을 말하고, 동물원을 대체 방법을 쓴 경우	5 점

출제자 예시 답안

→ <입장>

① 동의한다.

멸종위기에 놓인 동물들은 동물 보호 단체에서 보호하고 있어, 동물원이 없어져도 크게 타격이 없기 때문이다. 또한, 동물원에 가도 동물을 만져볼 기회는 적기 때문에 동물원을 통한 생태 교육은 동영상을 통해서도 충분히 대체 가능하다.

② 반대한다.

동물을 직접 보는 것과 동영상은 큰 차이가 있다. 동물들과 직접 만날 때 교감할 수 있기 때문이다. 또한, 최근 동물원에서는 동물들의 육체적 · 정신적 건강을 생각해 좋은 시설과 시스템을 갖추고 있다. 오히려 동물원을 늘리고 희귀 동물을 더 보호해야 한다.

<대체 방법>

① VR로 가상 동물원 체험을 할 수 있다.
② 로봇 동물 제작을 제작하고, 로봇 동물이 전시된 박물관에서 생태교육을 한다.
③ 동물 보호를 위한 단체를 더욱 늘리고 지원한다.
④ 동물 보호 자격증 시험을 만들어, 자격을 갖춘 개인이 멸종 위기의 동물을 보호할 수 있도록 한다.
⑤ 원할 때 동물의 모습을 볼 수 있도록, 사바나의 현장을 라이브로 전 세계에 방송한다.

문항 분석 및 평가표

→ 문항 분석 : 신체를 이용한 안전장치는 열쇠 잠금장치처럼 가지고 다녀야 할 것도 없고, 비밀번호 잠금장치 처럼 외워야 할 것도 없는 장점이 있습니다. 신체를 어떻게 이용해 안전장치를 만들면 될지 생각해 봅시다. (유창성, 정교성)

→ 평가표 :

잠금장치를 생각해냈으나, 만든 이유가 합리적이지 않은 경우	2 점
잠금장치를 만들고, 그렇게 만든 이유가 합리적인 경우	5 점

출제자 예시 답안

→ ① 홍채 움직임 인식 : 홍채의 모양을 인식하고, 희미한 빛을 켜서 움직임도 확인한다. 홍채는 개인마다 다르게 생겨서 잠금장치를 풀기 힘들며, 홍채를 복사한 렌즈를 껴도 빛에 반응하여 홍채가 움직이지 않으면 홍채의 모양을 따라 한 가짜임을 확인할 수 있기 때문이다.

② 혈관 인식 : 사람의 손에는 얇고 긴 혈관이 아주 많기 때문에, 모든 혈관을 해킹하기는 힘들기 때문이다. 또한, 피의 흐름을 인식하는 장치를 추가하면, 가짜인지 아닌지도 판별 가능하다.

③ 3D 머리 인식 : 사람의 얼굴의 세세한 특징은 저마다 다르다. 얼굴은 비슷하게 생겨도, 귀의 위치나 목의 길이 등이 조금씩 차이가 있다. 잠금장치를 다른 사람이 풀려면 많은 수술이 필요하므로, 매우 안전하다.

문 16
P.23

문항 분석 및 평가표

⟶ 문항 분석 : 사람의 옷차림이나, 머리 스타일, 가지고 다니는 물건 등을 통해 어떤 일을 하는지 예상할 수 있습니다. 유명한 추리 소설 속 주인공 셜록 홈즈는 사람의 손톱, 옷소매, 바지의 무릎, 손가락의 굳은살, 표정을 살피는 것으로 그 사람의 직업을 알 수 있다고 말합니다. 우리도 그림 속 사람의 옷차림을 관찰하고 분석해서 직업이 무엇일지 추측해 봅시다. (융통성)

⟶ 평가표 :

타당한 근거와 함께 남자의 직업을 예상한 경우	4 점

출제자 예시 답안

⟶ ① 블루투스 이어폰을 끼고 있는 것을 보아, 최신 기술이 익숙한 프로그래머일 것이다.
② 모자와 옷차림새로 보아, 유행에 민감한 디자이너일 것이다.
③ 큰 배낭을 메고 다니는 것으로 보아, 많은 책을 들고 다니는 연구원일 것이다.
④ 구두를 신었고, 가방이 큰 것으로 보아, 자료가 많은 변호사일 것이다.

문 17
P.24

문항 분석 및 평가표

⟶ 문항 분석 : 신발명 기법 중에 'SCAMPER (스캠퍼)' 라는 것이 있습니다. 이 문제는 스캠퍼 기법 중 C (combine)에 해당합니다. 원래 있던 물건에 다른 물건을 혼합하고, 아이디어를 조합하면 새롭고 편리한 물건이 됩니다. 어떠한 물건에 나팔꽃의 형태를 합치면 더 편리해질지 생각해 봅시다. (유창성, 독창성)

⟶ 평가표 :

나팔꽃의 특징을 살려 유용한 물건을 생각해낸 경우	5 점

출제자 예시 답안

⟶ ① 빨랫줄 : 빨래를 널 때 공간을 덜 차지한다.
② 책꽂이: 서점 책꽂이가 기둥을 감고 올라가는 형태로 만들면, 미적 효과가 생긴다.
③ 핸드폰 충전선 정리대 : 핸드폰 충전기는 다 충전하고 신경 써서 정리하지 않으면, 선이 바닥에 떨어서 충전할 때마다 주워야 한다. 하지만 충전 선이 정리대 기둥을 타고 올라가면 정리를 하지 않아도, 매번 바닥에 떨어져 있는 충전 선을 주울 필요가 없다.
④ 샤워기 : 샤워기 호스를 기둥을 타고 올라가는 모양으로 만든다. 긴 샤워기 줄이 몸에 부딪혀 깜짝 놀라는 일이 생기지 않고, 길이가 길어도 정리가 잘 돼 있어 보기에도 좋다.
⑤ 머리카락 삔 : 기둥 모양으로 된 핀을 머리카락이 타고 올라갈 수 있도록 만들면, 머리를 바짝 올리기에 좋다.

문 18
P.25

문항 분석 및 평가표

⟶ 문항 분석 : 인공 지능은 사람들이 매일 생활에서 신경쓰기 어려운 부분이나, 번거로운 부분을 없애주는 방향으로 발전해 갑니다. 우리가 생활 속에서 어떤 것을 불편하게 느끼는지 생각해보고, 미래에 어떤 역할을 하는 인공 지능이 생길지 생각해 봅시다. (유창성, 독창성)

⟶ 평가표 :

타당한 예를 들은 경우	4 점
타당하고 창의적인 예를 들은 경우	5 점

출제자 예시 답안

→ ① 나의 생활 방식을 분석해 출근 시간에 자동차를 자동으로 운전해 주는 인공 지능
② 냉장고의 남은 재료와 한 주 식단을 파악해 추천 레시피를 알려주는 인공 지능
③ 공부 해야 할 내용을 미리 찾고 간추려 알려주는 인공 지능
④ 몸속에 칩을 심으면, 그 칩을 이용해 매일 몸 상태를 체크해 주고 운동시키는 인공 지능

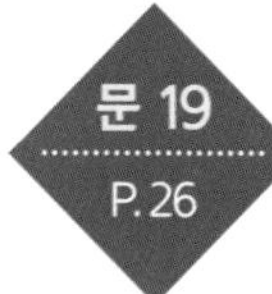

문항 분석 및 평가표

→ **문항 분석 :** 알래스카는 매우 추운 지역이기 때문에 냉장고가 필요 없어 보입니다. 음식을 상하지 않도록 차갑게 보관하는 것 외에 냉장고는 또 어떤 역할을 할 수 있을까요? 생각을 전환하여 새로운 각도로 냉장고의 역할을 생각해 보면 좋습니다. (융통성, 독창성)

→ **평가표 :**

장고의 새로운 용도를 생각해 홍보 내용을 생각해낸 경우	5 점

출제자 예시 답안

→ ① 항상 꽝꽝 얼어있던 음식을 신선하게 보관할 수 있습니다.
② 얼음이 생기지 않은 시원한 음료수를 마실 수 있습니다.
③ 음식들을 냉장고에 깔끔하게 정리할 수 있습니다.
④ 고기를 냉장고에 넣어 신선한 상태로 천천히 녹일 수 있습니다.

문항 분석 및 평가표

→ **문항 분석 :** 문제에 나온 미국의 레이크쇼어 드라이브 외에도 도로를 만들 때 간단한 과학을 이용하여 사고를 줄이는 예가 있습니다. 우리나라 외곽순환도로가 그 예입니다. 서울 외곽순환도로에는 홈이 파여있는 구간이 있습니다. 차가 그 홈을 지나게 되면, 타이어가 진동하여 소리가 납니다. 운전자가 소리를 듣고 잠이 깨서 졸음운전에 의한 사고가 줄어들도록 했습니다. (유창성, 독창성)

→ **평가표 :**

타당한 방법을 1 가지 쓴 경우	3 점
타당한 방법을 2 가지 쓴 경우	4 점
타당한 방법을 3 가지 이상 쓴 경우	6 점

출제자 예시 답안

→ ① 커브길에 반짝 거리는 전등을 달아 놓는다.
② 소리가 나는 도로를 깔아 빨리 달리면 시끄럽고 정신없도록 한다.
③ 커브가 급한 곳에 사고 현장 사진을 걸어 놓는다.
④ 급한 커브가 시작되기 전에 도로는 미끄럽게 만들어, 속도를 줄이도록 만든다.
⑤ 커브길에 거울을 세워둬서, 차가 돌진해 오는 것처럼 보이게 만든다.

점수에 따른 성취도 등급

등급	1등급	2등급	3등급	4등급	5등급	총점
평가	80 점 이상	60 점 이상~ 79 점 이하	40 점 이상 ~ 59 점 이하	20 점 이상~ 39 점 이하	19 점 이하	99 점
성취도	영재성을 나타내는 성적으로영재교육원 합격권입니다.	상위권 성적으로 영재교육원 합격권입니다.	우수한 성적으로 약간만 노력하면 영재교육원에 갈 수 있습니다.	올해 영재교육원에 가길 원한다면 열심히 노력해야 합니다.	내년 목표로 꾸준하게 영재교육원 대비를 해야 합니다.	

1 언어/추리/논리

총 20 문제입니다. 문제 배점은 각 문항별 평가표를 참고하면 됩니다. / 단원 말미에서 성취도 등급을 확인하세요.

문 01
P. 28

문항 분석 및 평가표 

→ **문항 분석 :** 삼단논법은 ① 모든 M 은 P 이다. (대전제) ② S 는 M 이다. (소전제) ③ 따라서 S 는 P 이다. (결론)의 형식을 가지고 있습니다. 삼단논법을 이용하여 문장이 논리에 맞는지 논증하는 문제가 자주 출제되므로, 삼단논법을 공부할 필요가 있습니다. 삼단논법을 사용할 때에는 자신의 전제가 맞았는지 확인해봐야 합니다.

→ **평가표 :**

삼단논법을 이용해 문장을 잘 논증한 경우	5 점

출제자 예시 답안

→ 전제 1 : 출판사에서 만드는 것은 책이다.
전제 2 : 교과서는 출판사에서 만드는 것이다.
결론 : 교과서는 책이다.

문 02
P. 29

문항 분석 및 평가표 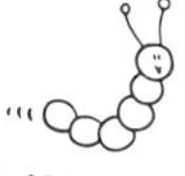

→ **문항 분석 :** 해설 참조.

→ **평가표 :**

답이 맞는 경우	6 점

정답 및 해설

→ **정답 :** 지은

→ **해설 :** 문제에서 준 조건의 순서대로 답을 찾아갈 필요는 없습니다. 뒤에 나오는 조건이 답을 찾는 데에 도움을 줄 수 있으므로 순서에 연연하지 않고 답을 찾아가면 됩니다.

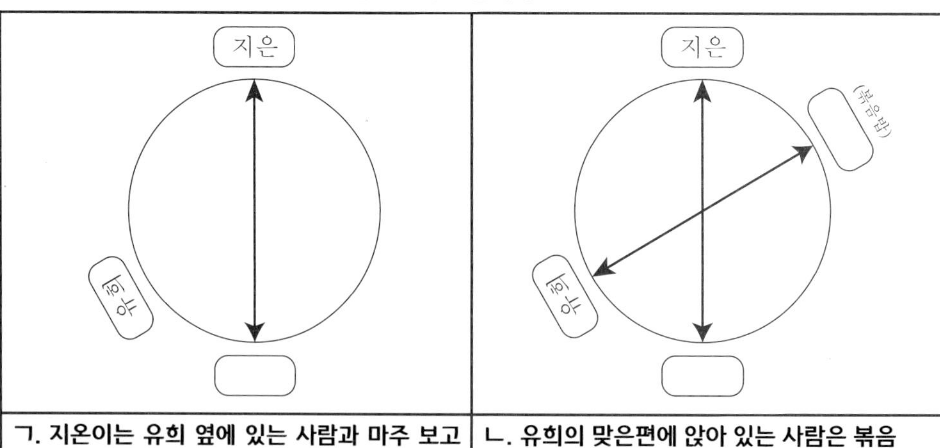

ㄱ. 지온이는 유희 옆에 있는 사람과 마주 보고 앉아 있다.	ㄴ. 유희의 맞은편에 앉아 있는 사람은 볶음밥을 먹는다.

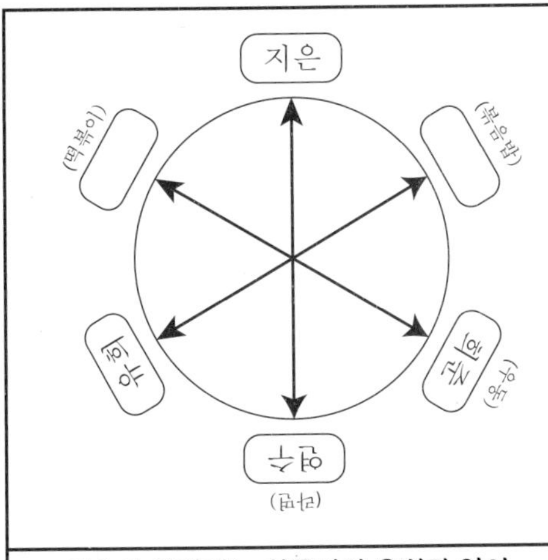	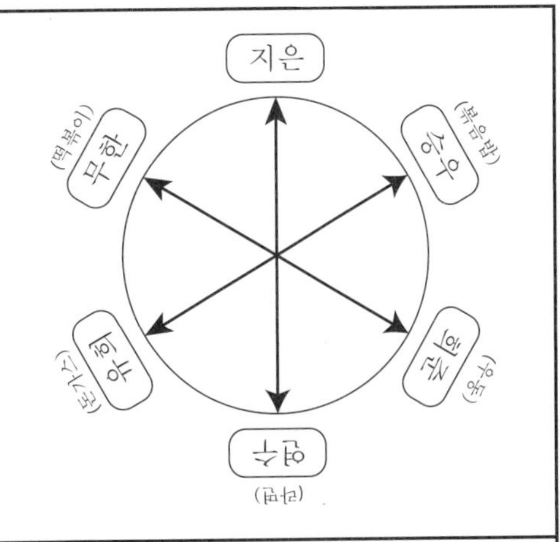
ㅁ. 연수의 양옆에는 희준이와 유희가 앉아 있다. ㄹ. 희준이 맞은편에 앉아 있는 사람은 떡볶이를 먹는다. ㄷ. 희준이는 우동을 먹고, 유희 옆에 앉아 있는 사람은 라면을 먹는다.	ㅂ. 승우의 맞은편에 앉아 있는 사람은 돈가스를 먹는다.

문항 분석 및 평가표

⟶ **문항 분석 :** 이야기에 나오는 암캐는 들개의 지나친 부탁을 계속해서 거절하지 못하고, 무른 태도를 보이다가 오히려 나중에 들개에게 쫓겨나며 배신을 당합니다. 이 이야기를 통해 얻을 수 있는 교훈을 생각해보고, 그것을 표어 형식으로 작성해 봅니다.
표어는 의견이나 주장을 확실하게 나타내기 위해 그 내용을 간결하고 호소력 있게 표현한 짧은 말입니다.

⟶ **평가표 :**

주제를 글로 썼으나, 표어 형식이 아닌 경우	2 점
표어로 잘 나타낸 경우	4 점

출제자 예시 답안

⟶ ① 지나친 선의가 우환을 낳는다.
② 근거 없는 믿음은 뒤통수를 맞게 한다.
③ 마음 불편한 거절이 몸 편한 나를 만든다.
④ 선의는 확실하게 거절은 단호하게.

문항 분석 및 평가표

⟶ **문항 분석 :** 해설 참조.

⟶ **평가표 :**

이름과 성씨를 모두 바르게 짝지은 경우	5점

정답 및 해설

⟶ **정답 :** 기진 – 민 씨, 나미 – 박 씨, 다래 – 조 씨, 리나 – 이 씨, 민수 – 김 씨

⟶ **해설 :** 주어진 조건이 모두 거짓일 때의 기진, 나미, 다래, 리나의 성을 찾는 문제입니다.

주어진 <조건> 은 모두 거짓이므로 <조건> 을 다음과 같이 바꿔서 푸는 것이 좋습니다.

ㄱ. 기진이는 민 씨 아니면 조 씨 아니면 박 씨이다.
ㄴ. 김 씨인 사람은 기진 아니면 리나 아니면 민수이다.
ㄷ. 나미는 김 씨 아니면 박 씨이다.
ㄹ. 조 씨인 사람은 나미 아니면 다래 아니면 리나이다.
ㅁ. 이 씨인 사람은 기진 아니면 나미 아니면 리나이다.

ㄱ 조건에 따르면, 기진이는 민 씨, 조 씨, 박 씨 중에 하나이다. 그리고 ㄹ 조건에서는 조 씨는 나미, 다래, 리나 중에 있다고 했으므로, 기진이는 민 씨, 혹은 박 씨이다.
ㄴ 조건에 따르면 김 씨는 기진, 리나, 민수 중에 있는데, 기진이는 민 씨 혹은 박 씨이므로, 김 씨는 리나 혹은 민수이다.
ㄷ 조건에서 나미는 김 씨 아니면 박 씨지만, ㄴ의 조건에서 김 씨인 사람 중에 나미가 없으므로, 나미는 박 씨이다. 그리고 기진이는 민 씨가 된다.
ㄹ 조건에서 조 씨인 사람은 나미, 다래, 리나 중에 있다고 했지만, 나미는 박 씨이다. 그러므로 조 씨인 사람은 다래 아니면 리나이다.
기진과 나미의 성은 이 씨가 아니므로 ㅁ 조건에 따라, 리나가 이 씨가 된다. 따라서 다래는 조 씨, 민수가 김 씨가 된다.

문 05
P. 32

문항 분석 및 평가표

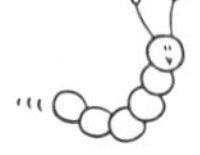

⟶ 문항 분석 : 해설 참조.

⟶ 평가표 :

조종사와 출발 공항, 목적지를 바르게 짝지은 경우	6 점

정답 및 해설

⟶ 정답 : A : 청주 공항 → 뉴욕, B : 제주 공항 → 벤쿠버, C : 김포 공항 → 베를린, D : 김해 공항 → 로마,
E : 인천 공항 → 니스

⟶ 해설 : 먼저 조건을 읽으면서, 간단한 표로 보기 쉽게 정리해 보면 좋습니다. 그리고 표를 보며 조종사의 출발공항과 목적지를 찾아 봅시다.
① 인천 → 니스 : ~~D~~
② 김포 → ~~로마~~ : C
③ ~~제주~~ → 뉴욕 : A
④ 김해 → ~~뉴욕~~ :
⑤ ~~김해~~ → 벤쿠버 :B
⑥ 청주 → ~~베를린~~ : ~~E~~
A 조종사는 ③ 에 따라 목적지는 뉴욕이다. ① 조건 때문에 인천 공항 출발은 불가능하다. ② 조건에서는 C 가 김포 공항 출발이므로 A 조종사의 출발 공항이 아니다. ③, ④ 조건에 따라 제주 공항과 김해 공항 출발도 불가능하다. 그러므로 A 조종사는 청주 공항에서 출발하여 뉴욕에 도착한다.
B 조종사는 ⑤ 조건에 따라 벤쿠버에 도착하며, 김해 공항 출발이 아니다. ① 조건은 인천 공항에서 출발하여 니스에 도착해야 하므로, B 조종사의 출발 공항이 아니다. A 조종사의 출발 공항인 청주 공항도 제외한다. ② 조건에서 C 조종사의 출발 공항인 김포도 제외하면, B 조종사는 제주 공항 출발이다.
C 조종사는 김포 공항에서 출발하고, 도착지는 로마가 아니다. A 와 B 조종사의 목적지를 제외 하고, ① 조건의 니스도 도착지에서 제외 하면, C 조종사는김포 공항에서 출발하여 도착지는 베를린이다.
D 조종사는 ① 조건에 따라 인천공항에서 출발하여 니스로 가지 않는다. A, B, C의 공항을 제외 하면, 김해 공항만이 남는다. 그리고 목적지는 로마이다.

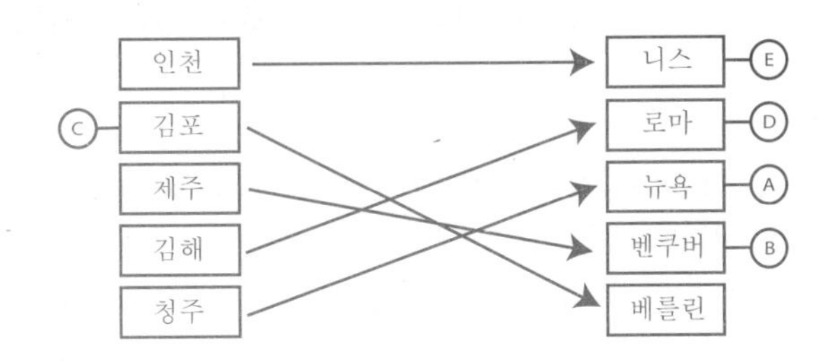

문 06
P.33

문항 분석 및 평가표

→ 문항 분석 : 랍비가 제자에게 말해준 답 이외에 또 어떤 대답을 할 수 있을지 자신이 생각한 대로, 랍비의 대사를 만들어 봅시다.

→ 평가표 :

랍비가 제자에게 해준 대답 외에 합리적인 대답을 쓴 경우	5점

출제자 예시 답안

→ "두 아이 모두 굴뚝 청소를 하고 나왔는데 한 아이만 더러워졌다는 것이 말이 되는가?"

문 07
P.34

문항 분석 및 평가표

→ 문항 분석 : 문제에서는 의태어와 의성어를 모음 조화의 예시로 들었습니다. 의태어와 의성어 말고도, '보아요' 나 '부어요' 같은 동사의 활용도 모음 조화의 예입니다. 모음 조화의 예를 가능한 한 많이 생각해 봅시다.

→ 평가표 :

조건에 맞는 단어를 찾은 경우	한 개당 1 점
모음 조화의 예를 5 가지 이상 답한 경우	5 점

출제자 예시 답안

→ 깡총깡총, 껑충껑충, 사각사각, 서걱서걱, 너덜너덜, 딸랑딸랑, 덜렁덜렁, 아롱아롱, 아옹다옹, 거뭇거뭇, 꿀렁꿀렁, 알콩달콩, 쿨쿨, 총총, 파랗다, 퍼렇다, 노랗다, 누렇다, 보아요, 부어요

문 08
P.35

문항 분석 및 평가표

→ 문항 분석 : 문제의 단어 나열은 앞의 단어 맨 앞글자가 다음 단어 맨 끝의 글자가 되는 규칙으로 되어있습니다. 문제에서 주어진 첫 단어가 '도라지' 이므로, 그다음 단어는 '도' 로 끝나는 것으로 찾아 봅시다.

→ 평가표 :

규칙을 찾지 못한 경우	0 점
규칙을 찾고, 단어를 1 ~ 3 개 나열한 경우	3 점
규칙을 찾고, 단어를 4 ~ 6개 나열한 경우	5 점
규칙을 찾고, 단어를 7 개 이상 나열한 경우	6 점

출제자 예시 답안

→ 도라지 → 수도 → 밀수 → 호밀 → 구호 → 농구 → 소작농 → 정비소 → 예정 → 곡예 → 춤곡 → 막춤 → 움막 → 발돋움 → 기발 → 국기 → 애국 → 우애 → 아우 → 육아 → 수육 →홍수 → 주홍 → 이주 → 모이 → 베레모 → …

문항 분석 및 평가표

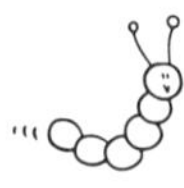

⟶ 문항 분석 : '입이 가볍다' 와 '입이 무겁다' 는 관용어로 착각하기 쉽습니다. 하지만, '가볍다' 에는 '(생각이나 언행 따위가) 침착하지 못하고 경솔하다' 라는 뜻이 있고, '무겁다' 에는 '(언행이) 신중하고 조심스럽다' 라는 뜻이 있습니다. '입이 가볍다' 와 '입이 무겁다' 는 새로운 뜻으로 굳어져 사용되는 것이 아니므로 관용어가 아닙니다.

⟶ 평가표 :

예시 답안에 있는 관용어 중 8 개 이상 쓴 경우	4 점
예시 답안에 있는 관용어를 모두 쓴 경우	6 점

출제자 예시 답안

⟶ - 손이 작다 : 물건이나 재물의 씀씀이가 깐깐하고 작다.
- 손이 크다 : 씀씀이가 후하고 크다.
- 두 손 들다 : 자기 능력에서 벗어나 그만두다.
- 손을 씻다 : 부정적인 일이나 찜찜한 일에 대하여 관계를 청산하다.
- 발을 벗다 : 신발이나 양말 따위를 벗거나 아무것도 신지 아니하다.
- 머리가 가볍다 : 상쾌하여 마음이나 기분이 거뜬하다.
- 머리가 무겁다 : 기분이 좋지 않거나 골이 띵하다.
- 머리가 크다 : 어른처럼 생각하거나 판단하게 되다.
- 머리를 들다 : 눌려 있거나 숨겨 온 생각 · 세력 따위가 겉으로 나타나다.
- 어깨가 가볍다 : 무거운 책임에서 벗어나거나 그 책임을 덜어 마음이 홀가분하다.
- 어깨가 무겁다 : 무거운 책임을 져서 마음에 부담이 크다.
- 눈에 넣어도 아프지 않다 : 매우 귀엽다.
- 눈이 높다 : 정도 이상의 좋은 것만 찾는 버릇이 있다. 안목이 높다.
- 눈이 낮다. : 보는 수준이 높지 아니하다.

문항 분석 및 평가표

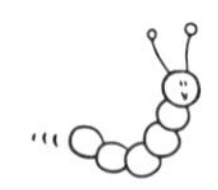

⟶ 문항 분석 : 그림의 광고문은 '손' 이라는 하나의 단어를 두 개의 의미로 사용했습니다. '손쉽게 쓰다' 는 '복잡한 과정 없이, 어떤 것을 다루거나 일을 하기 쉽다' 는 뜻입니다. 두 번째 줄에 쓰인 '손을 쓰다' 라는 표현은 '어떤 일에 조치를 취한다' 는 뜻입니다. 또한, '쓰다' 와 '쓸 수 없다' 로 대조되는 문장 구조를 사용하였습니다. <보기> 에서 하나의 단어로 여러 가지 의미를 나타내는 표현법이나, 두 개 이상의 문장을 대조시키는 표현법을 사용한 광고문을 모두 골라 봅시다.

<보기> 1 번 문장은 '지성' 이 '지적 능력' 과 지성 피부처럼 '기름기가 많아 잘 마르지 않고 버드르르한 성질', '건성' 이 '어떤 일을 성의 없이 대충 한다' 와 건성 피부처럼 '수분을 그다지 필요로 하지 않는 성질' 이라는 두 가지 의미를 가집니다. 또한, 지성과 건성이 성질을 가리킬 때는 서로 상반되는 단어로 문장이 대조되고 있습니다.
<보기> 3 번 문장은 '잡다' 를 '(물건을) 잡다' 와 '죽이다' 두 가지 의미로 사용하였습니다.
<보기> 5 번은 '죽이다' 와 '살리다' 를 사용해 대조되고 있습니다.
그러므로 문제의 답은 1, 3, 5 번입니다.

중의법이란, 하나의 말이 둘 이상의 뜻을 나타내게 하는 표현 방법입니다. 대조법이란, 상반 또는 상대되는 어구나 사물 또는 현상을 맞세워 그 형식이나 내용의 다름을 두드러지게 나타내는 표현 방법입니다.

그림의 광고문에서는 중의법과 대조법을 이용하였습니다. 중의법 한 가지 표현만 써서 문장을 만드는 것보다, 중의법과 대조법 두 가지 표현 방법을 쓰면 더욱 좋겠습니다.

⟶ **평가표 :**

그림의 광고문과 같은 표현을 사용한 문장을 찾은 경우	3점
대조법이나 중의법을 사용하여 광고문을 만든 경우	4점
대조법과 중의법 두 개의 표현 방식을 사용한 경우	6점

정답 및 해설

⟶ **정답 : (1) ①, ③, ⑤**

(2) 예시 답안) ① 한 잔을 비우셨다면 운전할 마음도 비우세요.

② 전화를 끊으시겠습니까, 생명을 끊으시겠습니까?

③ 발을 분주히 움직여 발 끊긴 손님을 되찾아 오자.

점수에 따른 성취도 등급

등급	1등급	2등급	3등급	4등급	5등급	총점
평가	40 점 이상	30 점 이상 ~ 39 점 이하	20 점 이상 ~ 29 점 이하	10 점 이상 ~ 19 점 이하	9 점 이하	53 점

1 과학 창의성

총 20 문제입니다. 문제 배점은 각 문항별 평가표를 참고하면 됩니다. / 단원 말미에서 성취도 등급을 확인하세요.

문 01
P. 38

문항 분석 및 평가표

⟶ **문항 분석 : 바람이 생기는 원인에 대해 먼저 알아봅니다. 바닷가의 낮과 밤은 어떤 차이가 있는지, 우리나라의 추운 겨울과 더운 여름은 어떤 차이가 있는지 생각한 후 답해 봅시다. (정교성)**

⟶ **평가표 :**

계절과 시간대별 특징을 이용해 바람이 바뀌는 이유는 설명했지만 바람의 원인을 설명하지 못한 경우	2 점
바람이 부는 원인을 설명한 경우	5 점

출제자 예시 답안

⟶ 기압이란 지표면 위에 쌓인 공기 무게에 의해 생기는 대기의 압력이다. 고기압은 주위보다 기압이 높은 곳을 말하고, 저기압은 주위보다 기압이 낮은 곳을 말한다. 바람은 기압 차 때문에 생기는 공기의 흐름으로써, 고기압에서 저기압으로 분다.

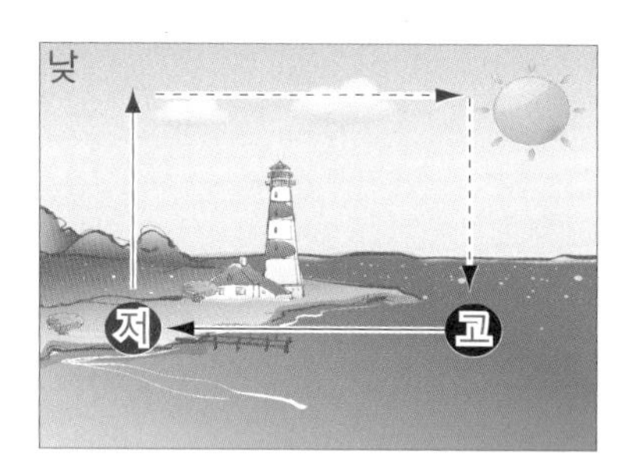

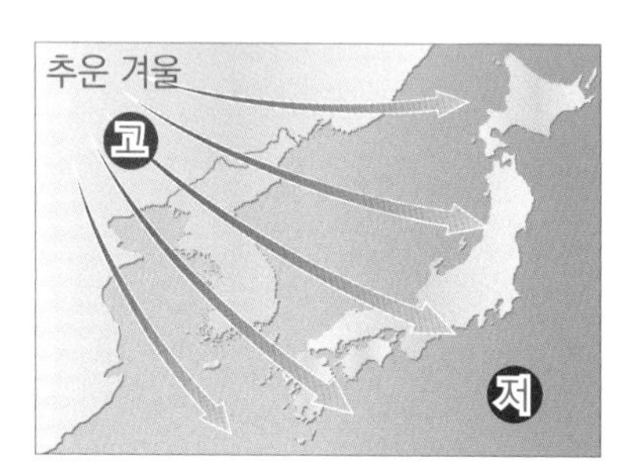

문항 분석 및 평가표

⟶ **문항 분석 : 물에 젖으면 불편하거나 고장을 일으키는 물건에는 무엇이 있을지 생각해 보면 좋습니다. 그 물건에 '연잎 효과' 로 가치가 높아지는 물건의 예를 적어 봅시다. (유창성, 정교성)**

⟶ **평가표 :**

예를 1 개 찾고 설명한 경우	2 점
예를 2 개 찾고 설명한 경우	3 점
예를 3 개 이상 찾고 설명한 경우	5 점

출제자 예시 답안

⟶ ① 자동차 유리코팅 : 자동차 유리 표면과 자동차의 외부를 코팅해 주면, 비가 올 때 빗물이 흘려보내 빗줄기 속에서도 앞이 잘 보인다. 또한, 빗물과 함께 자동차에 쌓인 먼지까지 함께 제거할 수 있다. 이것은 '연잎 효과'이다.

② 잉크젯 프린터 : 잉크를 뿌려주는 잉크 노즐에 아주 작은 돌기를 만들면, 연잎에서 떨어지는 빗방울처럼 잉크가 방울방울 떨어져 잉크젯이 막히지 않아 깔끔하게 인쇄된다.

③ 고층 건물의 외벽 : 고층건물의 유리나 외벽에 '연잎 효과'의 원리를 활용한 코팅제품을 뿌려 주면 비나 눈 때문에 건물이 더러워지는 것이 방지된다. 또한, 비가 오면 빗물과 함께 그동안 쌓였던 먼지나 오염물질들이 씻겨나가 일석이조이다.

④ 자가세정 가습기 : 가습기에 '연잎 효과'를 적용한 기술을 이용하면, 가습기 필터에 곰팡이와 서리가 끼는 것을 방지할 수 있다.

⑤ 등산복 : 등산복의 섬유에 '연잎 효과'를 적용하면, 비가 와도 옷에서 빗방울이 방울방울 떨어질 수 있게 한다. 옷이 젖지 않기 때문에 체온이 떨어지지 않는다.

문항 분석 및 평가표

⟶ **문항 분석 :** 김은 공기 중에 떠 있던 수증기들이 응결되어 조그마한 물방울들이 모여 하얗게 보이는 것을 말합니다. 이와 같은 예는 무엇이 있을지 생각해보고, 비 오는 겨울의 창문 표면에 어떤 변화가 있었는지 기억을 떠올려 봅시다. (융통성, 정교성)

⟶ **평가표 :**

(1) 번 (가) 현상의 예를 3 가지 이상 쓴 경우	2 점
(2) 번 현상의 이유를 바르게 쓴 경우	2 점
(3) 번 해결 방안을 바르게 쓴 경우	2 점
총 합계	6 점

출제자 예시 답안

⟶ (1) ① 무더운 여름날, 냉장고에서 물병을 꺼내면 물병 표면에 하얗게 김이 서린다.

② 안경을 쓰고 뜨거운 라면을 먹을 때, 안경에 하얗게 김이 서린다.

③ 유리창에 뜨거운 입김을 불면 하얗게 김이 서린다.

④ 뜨거운 물로 목욕하고 난 뒤에는 목욕탕 거울 표면이 하얗게 되어 있다.

⑤ 여름에 음식점에서 차가운 콜라를 시키면, 콜라병 유리 표면에 물방울들이 맺혀있다.

⑥ 땀이 뻘뻘 나는 운동을 한 뒤에는 안경 유리 표면이 하얗게 되어있다.

(2) 공기 중에 있던 수증기들이 차가운 표면을 만나 작은 물방울들로 되어 하얗게 김이 서린다.

(3) ① 에어컨이나 히터를 창문을 향해 틀어 창문에 응결된 물방울을 증발시킨다.

② 안쪽 유리를 닦는다.

③ 창문을 열면 차갑고 습도가 높은 공기가 차 안으로 들어 온다. 원래 창문 표면에 붙어있던 작은 물방울들보다 더 많은 물방울들이 응결되고, 이 물방울들이 큰 물방울로 뭉친다. 커진 물방울들이 창문을 따라 흘러내리면서, 작은 물방울들이 하얗게 보이는 '김 서림' 현상이 사라진다.

문항 분석 및 평가표

⟶ **문항 분석 :** 손전등의 빛은 퍼져 나가고, 그림자는 조명과 물체가 가까울수록 길이가 짧아집니다. 빛과 조명에 따라 그림자가 어떻게 변할지 생각하며 문제를 해결해 봅시다. (유창성, 융통성)

—> **평가표 :**

타당한 배열을 1 개 생각해낸 경우	3 점
타당한 배열을 2 개 생각해낸 경우	4 점
타당한 배열을 3 개 생각해낸 경우	5 점

출제자예시답안

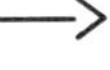

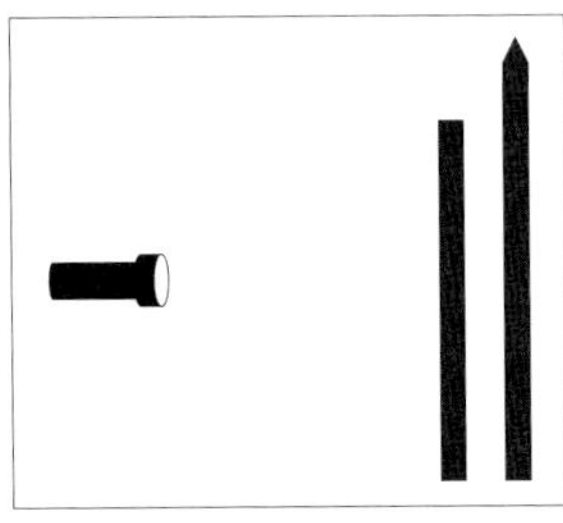

▲ (다) 막대 위에 (나) 막대를 올려 (가) 막대 보다 높게한다.

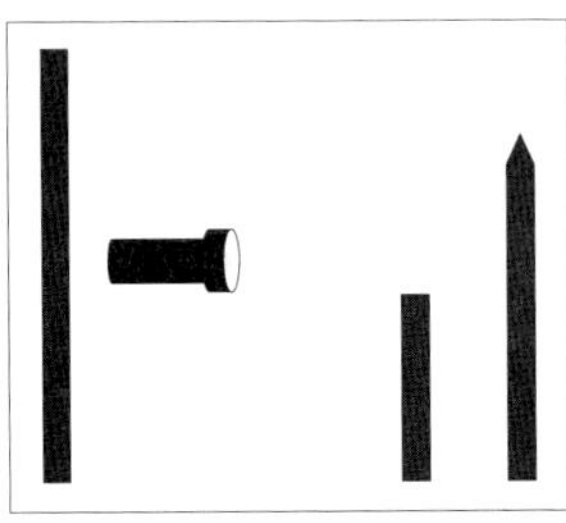

▲ (가) 막대를 손전등 뒤에 배치하여 그림자가 생기지 않게 한다.

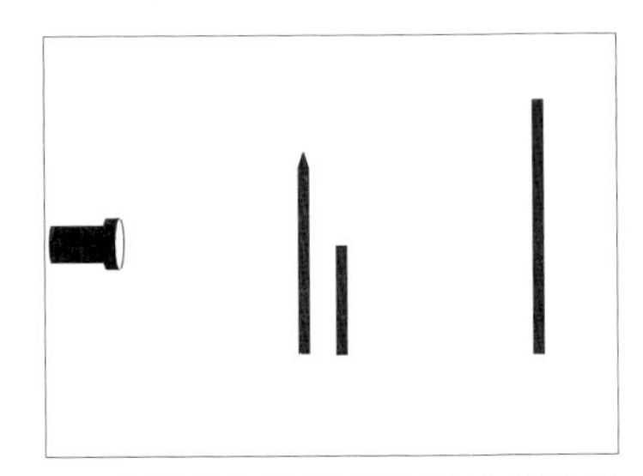

▲ 맨 앞에 (나) 막대를 두어 (가) 막대 보다 큰 그림자를 만든다.

문항 분석 및 평가표

—> **문항 분석 :** 달이 지구에 어떤 영향을 미치는지 생각해 봅시다. 달의 인력은 지구의 밀물과 썰물 현상이 일어나게 합니다. 우리 생활에 달이 미치는 영향에는 또 무엇이 있는지 생각해 봅시다. (융통성, 정교성)

—> **평가표 :**

답을 1 개 쓴 경우	3 점
답을 2 개 쓴 경우	4 점
답을 3 개 쓴 경우	5 점

출제자예시답안

—> ① 일식과 월식이 동시에 일어날 수 있다.

: 일식은 '태양 – 달 – 지구' 순으로 일렬로 정렬되어, 지구에서 봤을 때 달이 태양을 가리는 현상을 말한다. 월식은 '태양 – 지구 – 달' 순으로 일렬로 정렬되어, 지구에서 봤을 때 지구의 그림자가 달을 가리는 현상을 말한다. 달이 두 개가 되면 '태양–달–지구–달' 의 배치가 가능해진다. 이때 지구에서는 일식과 월식이 동시에 관측된다.

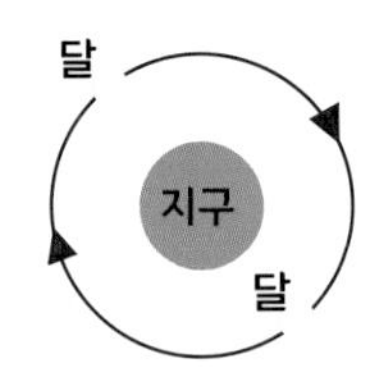

◀ 지구에서 일식과 월식이 동시에 관측되는 경우

② 밀물과 썰물일 때 바닷물의 높이 차이가 현재와 달라질 것이다.

: 달이 두 개가 되면 지구에 작용하는 달의 인력의 크기가 현재와 달라지므로 밀물과 썰물의 높이 차이가 현재와 달라진다.

③ 음력 날짜가 달라진다.

: 음력은 달이 지구 둘레를 한 바퀴 도는 데 걸리는 시간을 한 달로 삼아 만든 달력이다. 달이 두 개가 되면, 한 달의 기준이 달라질 것이다.

문항 분석 및 평가표

⟶ 문항 분석 : 글에서 39 km 가 얼마나 높은 곳인지 비교를 통해 알 수 있도록 했습니다. 그 높이는 어떤 환경일지 생각해 봅시다.

지구의 표면에서 약 20 ~ 40 km 는 '성층권' 이라고 부릅니다. 이 구간에서는 섭씨 영하 56 도 까지 떨어집니다. 또한, 공기는 지표면에 많이 쌓여있고, 위로 올라갈수록 공기가 희박해집니다. 에베레스트 산보다 4 배나 높은 지역이라면, 공기는 아주 희박합니다. 떨어질 때는 시속 1,110 km 까지 도달했다고 합니다. 이 속도라면 공기와의 마찰로 굉장히 뜨거워질 수 있습니다. 안전하게 착지하려면 어떤 장비들이 필요할까요? (융통성, 정교성)

⟶ 평가표 :

대기권의 특징을 이해하고, 갖추어야 할 조건을 3 개 이상 말한 경우	5 점

출제자 예시 답안

⟶ ① 지상 39 km 는 성층권 영역이다. 이곳에서는 온도가 섭씨 영하 20 도 이하로 내려가기 때문에 체온 유지를 위한 옷이 필요하다.

② 에베레스트 산보다 4 배나 높은 지역이라고 했기 때문에, 기압이 많이 낮을 것이다. 우리의 몸은 1 기압에 적응되어 있기 때문에, 기압이 낮은 곳으로 가면 피가 끓는 현상이 일어난다. 이를 방지하기 위해 기압 조절 장치가 필요하다.

③ 1,110 km 로 낙하한다면, 공기에 의한 마찰이 심할 것이다. 이때 생기는 마찰열에 의해 화재가 발생하거나 화상을 입지 않도록 특수한 소재로 만든 옷이 필요하다.

④ 에베레스트 산보다 4 배나 높기 때문에, 숨을 쉬기에는 산소가 부족할 것이다. 액화 산소통 같은 산소를 공급해 주는 장비를 갖춰야 한다.

문항 분석 및 평가표

⟶ 문항 분석 : (가) 는 현무암이고, (나) 는 화강암입니다. 현무암과 화강암은 눈으로 보기에 어떤 차이점이 있는지 말해 보고, 왜 그렇게 됐을지 과학적인 근거를 들어 설명해 봅시다. (유창성)

⟶ 평가표 :

외관상의 차이와 이유를 정확히 설명한 경우	4 점

출제자 예시 답안

⟶ ① (가) 는 (나) 보다 어두운색을 띤다. 두 암석의 구성 성분이 다르기 때문이다. (가) 암석은 주로 색이 있는 광물들로 이루어져 있고, (나) 는 주로 색이 없는 광물들로 이루어져 있기 때문이다.

② (가) 는 알갱이가 작아 맨눈으로 볼 수 없지만, (나) 는 맨눈으로 알갱이가 구별이 가능할 정도로 알갱이가 크다. (가) 는 마그마가 지표 부근에서 빠르게 식어 알갱이가 커질 시간이 부족해 작은 상태로 굳었지만, (나) 는 마그마가 땅속 깊은 곳에서 천천히 굳어 알갱이 크기가 커졌다.

③ (가) 는 표면의 구멍이 크고 많지만, (나) 는 맨눈으로 볼 때 구멍이 없다. (가) 는 지표 부근에서 빠르게 식어 암석 내부에 있던 가스들이 빠져 나오면서 구멍을 만들지만, (나) 는 땅속 깊은 곳에서 천천히 식어서 구멍이 없다.

문항 분석 및 평가표

→ 문항 분석 : 광합성은 식물 세포의 엽록체에서 물과 이산화탄소를 원료로 하여 햇빛을 이용해 양분(녹말)과 산소를 만들어내는 과정을 말합니다. 어떤 대기 성분이 불을 활활 잘 타오르게 하는지, 왜 이 시기의 생물들이 주로 석탄이 되었을지, 동식물들의 크기가 왜 컸을지를 광합성과 연관 지어 생각해 봅시다. (융통성, 정교성)

→ 평가표 :

제시된 글 중 2 개 이하의 변화에 대해 설명한 경우	3 점
제시된 글 중 3 개 이상의 변화에 대해 설명한 경우	5 점

출제자 예시 답안

→ ① 광합성량의 증가로 식물이 양분을 많이 만들어 냈다. 그래서 식물의 크기가 커지고, 많은 산소가 발생했다. 대기 중에 산소량이 많아지면서, 산불이 잦아졌다.

② 석탄은 울창한 숲을 이루었던 습지의 식물이 땅속에 묻히고, 그 위에 퇴적물이 계속 쌓여서 만들어진다. 이 시기에는 광합성으로 인해 산소가 많아져 식물들이 더욱더 번성할 수 있었다. 그래서 이 시기의 생물들이 주로 석탄이 되었다.

③ 식물들의 크기가 커져 광합성을 많이 하면서 양분과 산소가 많아지고, 양분과 산소를 이용한 신진대사율이 증가해 곤충들이 커졌다.

문항 분석 및 평가표

→ 문항 분석 : 태양의 고도는 지평선을 기준으로 태양의 높이를 각도로 나타낸 것을 말합니다. 태양의 고도는 낮 12 시에 가장 높고, 낮 12 시가 지나면 다시 점점 낮아집니다. 태양의 고도는 계절에 따라서도 변합니다. 하지 때 태양의 고도가 가장 높고, 동지 때 가장 낮습니다.
태양의 고도가 높을 때는 그림자의 길이가 짧아진다는 것을 생각하며, 이 현상을 이용한 것에는 무엇이 있을지 생각해 봅시다. (유창성, 융통성)

→ 평가표 :

태양의 고도를 타당하게 이용한 예를 들고 설명한 경우	5 점

출제자 예시 답안

→ ① 처마 : 처마는 여름에는 햇빛을 조금 들어오게 해서 시원하게 하고, 겨울에는 햇빛이 깊이 들어오게 하여 아늑하도록 한다.

② 속담 "쥐구멍에 볕 들 날이 온다" : 쥐구멍은 작고 깊은 구멍이지만, 태양의 고도에 따라 쥐구멍에도 언젠가는 꼭 햇빛이 들어올 수 있는 것처럼, 어렵고 힘든 상황에도 좋은 기회는 반드시 온다는 뜻이다.

③ 나무 밑에서 시원하게 잠자기 : 햇빛이 쨍쨍한 날, 나무 밑 그늘에서 잠을 자면 시원하다. 하지만 고도가 바뀔 때마다 그늘의 위치와 크기가 변한다. 그래서 잠잘 때 조금씩 자는 위치를 바꾸면, 계속 시원하게 잘 수 있다.

④ 태양열·태양광 전지 : 태양의 고도가 시간과 계절마다 바뀌기 때문에, 태양열을 반사하는 판과 태양광 패널의 위치가 고정되어 있으면, 효율이 떨어진다. 효율을 높이기 위해 태양의 고도에 맞춰 패널의 위치가 바뀌도록 한다.

문항 분석 및 평가표

→ **문항 분석 : 투명한 물체는 빛을 대부분 통과시킵니다. 통과된 빛이 투명한 물체 안에 들어있는 내용물에 반사되면, 내용물을 밖에서 볼 수 있습니다. 반대로 빛은 불투명한 물체를 통과하지 못합니다. 불투명한 물체 안의 내용물이 빛을 받지 않도록 하기 위해 많이 쓰입니다. 이러한 현상을 어떤 곳에 활용하면 좋을지 생각해 보면, 실생활에 활용된 예가 금방 떠오릅니다. (융통성, 정교성)**

→ **평가표 :**

3 가지의 예를 들었으나, 투명, 불투명, 반투명 활용 예를 각각 하나씩 들지 못한 경우	3 점
투명, 불투명, 반투명 각각의 활용 예를 총 3 가지 이상 든 경우	5 점

출제자 예시 답안

→ <투명>

- 안경, 돋보기 : 안경과 돋보기는 렌즈 유리로 대부분의 빛이 통과돼, 잘 보인다.
- 주스병 : 주스병에 들어있는 주스를 확인할 수 있도록 많은 주스병이 투명한 색으로 되어있다.
- 휴대폰 액정 유리 : 휴대폰 액정 유리는 액정을 지켜주는 역할을 한다. 또한, 액정에서 나오는 빛이 대부분 통과하도록 하여, 휴대폰 화면을 보여준다.
- 창경궁 대온실 : 창경궁 대온실은 건물 벽을 유리로 지어서, 대온실 내부에 햇빛이 들어온다.
- 볼펜의 잉크심 : 볼펜 잉크심을 투명하게 만들어, 잉크가 얼마나 남아있는지 확인할 수 있도록 했다.

<불투명>

- 사진실 암막 커튼 : 카메라 필름은 카메라로 들어온 빛을 기록한다. 필름에 기록된 것을 사진으로 현상할 때 필름이 밝은 빛에 노출된다면, 필름에는 밝은 빛이 다시 기록되어 전에 찍은 것이 사라져 버린다. 따라서 사진실은 빛이 들어올 수 없도록 깜깜하게 유지해야 한다. 이를 위해 사진실은 빛이 투과되지 않는 암막 커튼이 설치되어 있다.
- 인삼밭 그늘막 : 인삼은 직사광선을 받으면 죽기 때문에 그늘막을 쳐준다.
- 모자 : 햇빛에 얼굴을 타지 않게 하기 위해 햇빛이 통과하지 못하는 모자를 쓴다.

<반투명>

- 화장실 유리창 : 화장실에 창문으로 햇빛이 들게 한다. 하지만 조금만 통과시켜, 어렴풋하게 보이게 만든다.
- 반투명 접착식 메모지 : 책에서 메모하려는 부분의 내용과 메모를 동시에 보고 싶을 때 반투명 접착식 메모지를 붙인다. 반투명해서 빛이 조금 통과해서 책의 내용이 어렴풋하게 보이지만, 투명한 메모지에 쓰는 것 보다는 메모의 내용이 잘 보인다.

문항 분석 및 평가표

→ **문항 분석 : 그림 (가) 는 물갈퀴가 있고, (나) 에 비해 발톱이 짧습니다. 이런 발을 가지고 있는 새는 오리, 거위, 갈매기, 기러기, 펭귄 등이 있습니다. (나) 는 물갈퀴가 없고, 발톱이 크고 깁니다. 독수리, 매, 두루미, 학 등이 (나) 와 같은 발을 가지고 있습니다. 각각의 새들은 어떤 환경에서 어떻게 생활하는지 생각하여 답해 봅시다. (유창성, 융통성)**

→ **평가표 :**

차이점을 1 개 쓴 경우	3 점
차이점을 2 개 쓴 경우	4 점
차이점을 3 개 쓴 경우	5 점

출제자 예시 답안

	(가)	(나)
서식 환경 및 생활 양식	발가락 사이에 물갈퀴가 있으므로 헤엄을 잘 친다. 물이나 습지에서 생활하는 새이다.	물갈퀴가 없으므로 주로 풀밭, 바위로 된 산, 큰 산림 등에서 생활하는 새이다.
	발톱이 짧은 것으로 보아, 물에서 생활할 때 벌레와 작은 물고기를 잡아먹는다.	발톱이 길고 큰 것으로 보아, 육지의 동물을 큰 발톱으로 낚아채서 먹거나, 물속의 큰 물고기를 사냥해 먹는 새이다.
	수중 생활을 하는 새이므로, 깃털에 기름기가 있어 물에 젖지 않는다.	깃털에 기름기가 없어 물에 젖는다.
	벌레와 작은 물고기를 먹기 때문에 대체로 부리가 넓적하다.	큰 동물을 잡아먹는 새이므로 부리가 뾰족하다.

문 12
P.46

문항 분석 및 평가표

문항 분석 : 문제에서 주어진 글은 물이 주변의 열을 흡수하여 수증기로 증발해 시원해지는 현상에 대한 것입니다. 얼음에서 물로, 물에서 얼음으로, 수증기에서 물로 변할 때 열이 이동하는 예를 생각해서 써 봅시다. (유창성, 융통성)

평가표 :

활용 예를 1 가지 쓴 경우	3 점
활용 예를 2 가지 쓴 경우	4 점
활용 예를 3 가지 쓴 경우	5 점

출제자 예시 답안

① 더운 여름 도로에 물 뿌리기 :
더운 여름에 뜨거운 아스팔트 도로에 물을 뿌리면 물이 아스팔트의 열을 가져가면서 증발해 아스팔트 도로가 식는다.

② 물 빨리 차가워지게 하기 :
컵에 물을 담고, 젖은 휴지로 컵을 감싼다. 젖은 휴지로 감싼 컵을 냉장고에 넣으면, 젖은 휴지의 물이 컵에 들어 있는 물의 열기를 가져가면서 증발하기 때문에 그냥 냉장고에 물을 넣는 것보다 빨리 차가워진다.

③ 얼굴에 열이 날 때 젖은 수건을 이마에 올려놓기 :
젖은 수건의 물이 이마의 열기를 가져가 증발한다. 그래서 얼굴의 열을 내리는 데에 효과적이다.

④ 고데기 빨리 식히기 :
뜨거워진 고데기를 축축한 수건에 대고 있으면, 축축한 수건의 물이 고데기의 열을 가져가 증발하기 때문에 고데기의 열판이 금방 식는다.

⑤ 이글루 따뜻하게 만들기 :
이글루 안에서 바닥에 물을 뿌리면 물이 얼면서 열을 내보낸다. 그 열로 인해, 이글루 안이 따뜻해진다.

⑥ 얼음 :
미지근한 물에 얼음을 넣으면 얼음이 녹으면서 물이 차가워진다. 얼음이 물의 열을 가져가 물로 변하는 데 필요한 에너지로 사용하기 때문이다.

⑦ 가죽 물통:
가죽에는 미세한 구멍이 많아서, 물이 아주 조금씩 새어 나온다. 구멍에서 새어 나온 물이 가죽 물통 안에 있는 물의 열기를 가져가 증발하기 때문에 가죽 물통의 물은 시원해진다.

⑧ 초겨울의 과수원 과일에 물 뿌리기 :
초겨울에 과수원에서는 과일에 물을 뿌리는 모습을 볼 수 있다. 과일에 뿌린 물이 얼면서 열을 내보내, 과일이 얼지 않도록 하기 때문이다.

문항 분석 및 평가표

⟶ 문항 분석 : 청국장은 노란 콩을 쪄서 볏짚과 발효시킨 것입니다. 발효란 세균 등의 미생물이 탄수화물, 지방, 단백질 등을 자신이 가지고 있는 효소를 이용해 분해하는 과정을 말합니다. 볏짚에 있는 곰팡이균의 효소는 콩의 단백질을 아미노산으로 분해합니다. 아미노산은 서로 엉겨 청국장의 끈적끈적한 점액질이 되고, 그냥 콩을 먹는 것보다 우리 몸에 흡수가 더 잘 됩니다.
청국장을 만들 때처럼 효소를 이용하여 물질을 분해하거나 물질의 분해를 돕는 예에는 또 무엇이 있을지 생각해 봅시다. (유창성, 융통성)

⟶ 평가표 :

(1) 번 청국장이 되는 과학적 원리를 설명한 경우	3 점
(2) 번 실생활의 예를 5 가지 모두 든 경우	3 점
총합계	6 점

출제자 예시 답안

⟶ (1) 볏짚에 있는 곰팡이가 삶은 콩으로 옮겨가서 자체적인 효소를 이용해 콩의 단백질을 분해하여 발효시킨다

(2) ① 연육제 : 고기에 배, 키위, 파인애플즙을 뿌리면 과일에 들어 있는 단백질 분해 효소가 고기를 연하게 한다

② 식혜 : 엿기름에 들어 있는 아밀레이스로 밥 속의 녹말을 엿당으로 분해하여 달콤하게 한다.

③ 소화제: 아밀레이스, 단백질 소화 효소, 지방 소화 효소가 들어 있어 음식물 속의 녹말, 단백질, 지방을 분해를 돕는다

④ 환경 오염 물질 정화제 : 생활 하수 · 공장 폐수 등의 오염물질에 정화제를 뿌리면 정화제 안의 효소가 오염물질을 분해한다.

⑤ 바이오 에너지 생산: 미생물의 효소가 식물의 탄수화물을 분해해 바이오 에탄올과 같은 바이오 연료를 만든다

⑥ 치즈 : 우유 속의 유산균이 유당을 분해하고 우유가 단단해져서 치즈가 된다.

문항 분석 및 평가표

⟶ 문항 분석 : 이 문제의 정답을 맞히기 위해서는 두 가지를 알고 있어야 합니다. 첫 번째는 물고기는 물속에서 호흡한다는 것이고, 두 번째는 온도에 따라 기체의 용해도가 달라진다는 것입니다.
미지근한 탄산음료를 마셨을 때, 김이 빠져서 밍밍했던 경험을 떠올려 봅시다. 탄산음료가 톡 쏘는 느낌을 주는 것은 음료 속의 이산화 탄소 때문입니다. 기체 상태의 이산화 탄소는 시원한 음료에는 많이 녹아 있어서 톡 쏘는 느낌이 강하지만, 미지근한 음료에는 이산화 탄소가 많이 녹을 수 없어서 음료 밖으로 빠져나오기 때문에 밍밍해집니다. 이렇듯 기체는 액체의 온도가 낮을수록 더 많이 녹을 수 있습니다. (정교성)

⟶ 평가표 :

무한이가 책상으로 어항을 옮긴 이유를 정확하게 맞힌 경우	4 점

정답 및 해설

⟶ 정답 : 어항 온도를 낮춰 물에 산소가 많이 녹아 들어가게 하기 위해서이다.

⟶ 해설 : 금붕어도 호흡하므로 산소가 필요하다. 물속에 산소가 적으면, 금붕어는 물 밖으로 입을 내밀고 뻐끔거린다. 전기장판 위에 어항을 놓으면 어항의 물 온도가 높아져 산소가 물에 많이 녹아 있지 못하고 공기 중으로 나오게 된다. 그래서 어항의 물에 산소가 부족해지고, 공기가 부족했던 금붕어들이 뻐끔거렸다. 이 사실을 알고 있는 무한이는 얼른 어항을 책상 위로 옮겨 놓았다.

문 15
P. 48

문항 분석 및 평가표

⟶ 문항 분석 : 문제는 용수철의 탄성을 이해하면 쉽게 풀 수 있습니다.
용수철은 추의 개수에 따라, 용수철의 굵기에 따라 (같은 재질일 경우), 용수철의 개수에 따라 늘어나는 길이가 달라집니다.

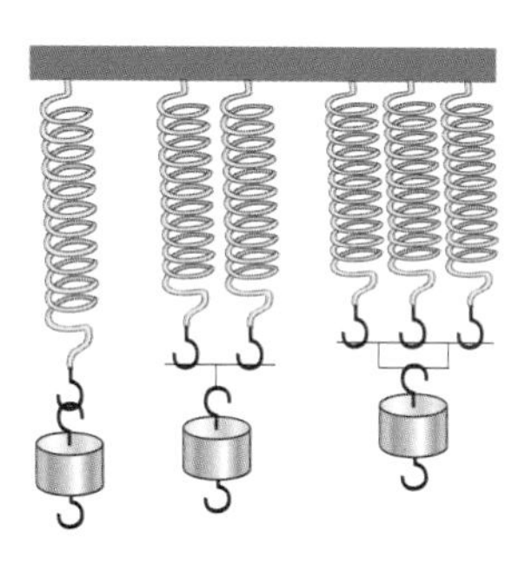

▲ 용수철의 갯수가 많을수록 조금 늘어난다.

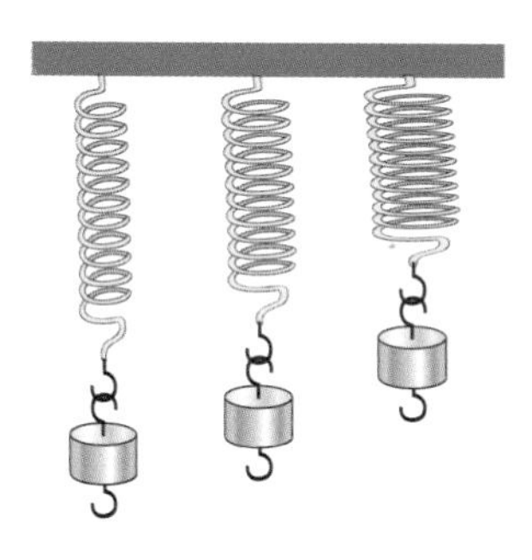

▲ 용수철이 굵을수록 적게 늘어난다. (같은 재질일 경우)

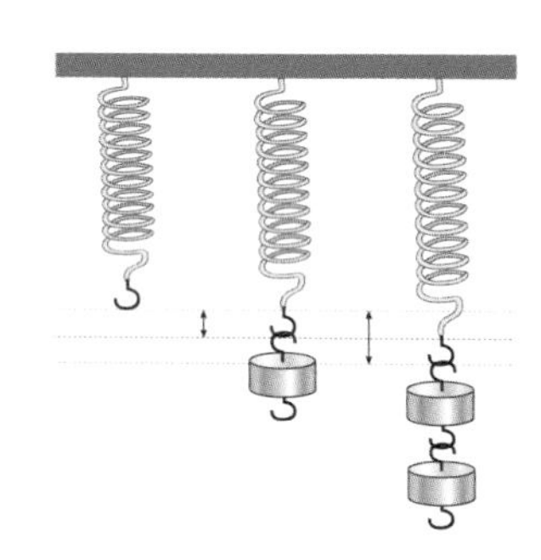

▲ 추의 갯수가 적을수록 적게 늘어난다.

문제를 위해 또 한 가지 알아야 하는 것이 있습니다. 같은 용수철의 경우 늘어나는 길이는 용수철 전체 길이에 비례한다는 것입니다. 만약 10 m 의 용수철에 1 kg 의 물체를 달면 1 m 가 늘어나면, 반으로 자른 용수철 50 cm 에 1 kg 의 물체를 달면 처음 늘어난 길이의 반인 50 cm 가 늘어납니다. (정교성)

⟶ 평가표 :

답이 맞는 경우	5 점

정답 및 해설

⟶ 정답 : 1 m

⟶ 해설 : 용수철은 반으로 잘랐기 때문에 늘어난 길이도 반으로 줄어든다. 그리고 반으로 자른 용수철 두 개를 나란히 붙였기 때문에 무게도 반으로 분담한다. 총 4 배가 줄어들었기 때문에 와이어는 1 m 가 늘어날 것이다.

문 16
P. 49

문항 분석 및 평가표

⟶ 문항 분석 : 사람의 몸은 '항상성' 을 유지하려고 합니다. 항상성이란 주변 환경이 변하더라도 체온, 혈당량 등의 체내 상태를 일정하게 유지하는 성질입니다. 덥거나 추울 때 몸이 체온을 유지하기 위해 어떤 일을 하는지 생각해 봅시다. (융통성, 독창성)

⟶ **평가표 :** (1) 채점 기준

사람의 몸의 온도조절 방법을 정확하게 설명한 경우	3 점

(2) 채점 기준

실생활의 예를 1 ~ 2 가지 쓴 경우	1 점
실행활의 예를 3 가지 이상 쓴 경우	2 점

(1) + (2) 총합계	5 점

정답 및 해설

⟶ **정답 : (1) 신경과 호르몬의 작용을 통해 물질대사율을 높인다.**
(2) 예시 답안) 냉장고, 온풍기, 에어컨, 전기밥솥, 열조절 주전자, 다리미

⟶ **해설 : (1) 사람의 몸은 몸의 온도가 높아지면 땀구멍을 열어 땀이 나게 하고 털을 눕혀 피부의 공기층을 얇게 해 몸의 열이 잘 나가도록 한다. 몸 온도가 낮아지면 근육을 떨게 해서 몸에서 열이 나게 하고, 땀구멍을 닫고 털을 세워 체온이 나가지 못하게 한다.**
(2) 냉장고와 에어컨은 일정 온도 이상으로 올라가면 온도를 낮추기 위해 작동을 시작한다. 온풍기나 전기밥솥, 열 조절 주전자, 다리미는 정해진 온도보다 내려가면 온도를 높이게 되어있다.

문 17
P.50

문항 분석 및 평가표

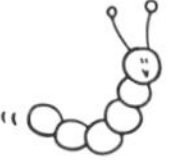

⟶ **문항 분석 : 버스를 탔을 때의 경험을 떠올려 봅시다. 버스가 갑자기 출발할 때는 뒤로 쏠리고, 버스가 갑자기 멈출 때는 앞으로 쏠립니다. 이러한 현상은 '관성'때문에 일어납니다. 관성이란 운동 상태를 유지하려는 성질을 말합니다. 경험을 떠올리며 문제의 질문에 답해 봅시다. (정교성)**

⟶ **평가표 :**

쇠구슬이 움직이는 방향을 맞히고, 이유를 정확하게 설명한 경우	3 점
쇠구슬과 헬륨 풍선이 움직이는 방향 모두 맞히고, 이유를 정확하게 설명한 경우	6 점

정답 및 해설

⟶ **정답 : 쇠구슬이 움직이는 방향 : 뒤쪽**
헬륨 풍선이 움직이는 방향 : 앞쪽
이유: 쇠구슬은 공기보다 관성을 크게 받아 뒤로 쏠리고, 헬륨은 공기보다 관성을 적게 받아 앞으로 쏠린다.

⟶ **해설 : 버스 안에서 관성을 받는 물질이 3 가지 있습니다. 쇠구슬, 헬륨 풍선, 그리고 공기입니다. 쇠구슬은 이 중에서 가장 무거운 물질로 관성을 가장 크게 받습니다. 그래서 버스가 갑자기 출발할 때 뒤로 쏠리게 됩니다. 공기도 관성을 받아 뒤로 쏠립니다. 하지만 헬륨 풍선은 가볍기 때문에 관성을 많이 받지 않아 앞으로 쏠리게 됩니다.**

문 18
P.51

문항 분석 및 평가표

⟶ **문항 분석 : 지레는 힘점, 받침점, 작용점의 위치에 따라 3 가지로 구분합니다.**
용두레는 지렛대의 원리를 이용한 우리나라 전통 농기구로, 1 종 지레입니다. 용두레를 이용해 옛 선조들은 물을 쉽게 퍼 올렸다고 합니다.
가위, 병따개, 낚싯대의 힘점, 받침점, 작용점은 어디일지 생각한 후, 무슨 종류의 지레인지 구분해 봅시다. (유창성, 융통성, 정교성)

⟶ **평가표 :**

주어진 물건이 어느 종류의 지레인지 맞힌 경우	4 점
정답을 맞히고, 세 종류의 지레의 예를 각각 2 개 이상씩 쓴 경우	6 점

출제자 예시 답안

⟶ 가위 – 1 종 지레 (㉮ 시소, 펜치, 배의 노, 돌을 던지는 투석기)
병따개 – 2 종 지레 (㉮ 호두까기, 손톱깍이, 손수레, 작두)
낚시대 – 3 종 지레 (㉮ 젓가락, 핀셋, 집게, 스테이플러, 사람의 팔)

문 19 P.52

문항 분석 및 평가표

⟶ 문항 분석 : 공이 용수철에 의해 쏘아 올려질 때 어떤 것들이 공에 영향을 주는지 생각해 봅시다.

단단한 용수철을 많이 압축할수록 튕겨 오르는 힘이 더 세지기 때문에 공이 더 높이 올라갑니다. 또한, 공이 가벼울수록 높이 올라갑니다. 그 이유는 식을 통해 확인할 수 있습니다. 용수철이 일정한 길이만큼 압축되었다 펴지면서 같은 높이에서 물체가 위로 운동을 시작한다면 물체가 받는 에너지는 모두 같고, 물체가 높이 h 만큼 올라갔을 때 퍼텐셜 에너지는 mgh (질량 × 중력 가속도 × 높이)로 일정합니다. 그러므로 공이 가벼울수록 높이 올라갑니다.

이 외에 공이 올라가는 높이에 영향을 주는 요소들을 생각해보고, 더 높이 올라가기 위해서는 어떻게 해야 할지 말해 봅시다. (융통성, 정교성)

⟶ 평가표 :

활용 예를 1 가지 쓴 경우	3 점
활용 예를 2 가지 쓴 경우	4 점
활용 예를 3 가지 쓴 경우	5 점

출제자 예시 답안

⟶ ① 공기보다 가벼운 기체를 공에 채워 넣어, 공을 가볍게 한다.
② 용수철이 단단한 것을 사용한다.
③ 더 세게 누른다.
④ 공 위에 종이로 만든 고깔을 붙여 공기저항을 줄인다.
⑤ 용수철을 하나 더 연결한다.

문 20 P.53

문항 분석 및 평가표

⟶ 문항 분석 : 무거운 물건을 끌고 갈 때, 거칠거칠한 바닥에서보다 미끌미끌한 얼음 위에서 끄는 것이 훨씬 더 쉽습니다. 이는 물건과 바닥 사이의 '마찰력' 때문입니다. 마찰력이란 두 물체가 서로 닿아 비벼질 때 물체의 접촉면 사이에서 운동을 방해하는 힘을 말합니다. 마찰력은 항상 물체의 운동 반대 방향으로 작용합니다. 마찰력은 물체 사이의 접촉면이 거칠거칠할수록, 위에 있는 물체가 무거울수록 커집니다. (융통성, 독창성)

⟶ 평가표 :

방법을 1 가지 생각해낸 경우	4 점
방법을 2 가지 이상 생각해낸 경우	6 점

출제자 예시 답안

⟶ ① 목장갑을 낀다. : 밧줄을 잡을 때 미끌미끌한 것보다 더 큰 힘으로 잡아당길 수 있다.
② 바닥이 거칠거칠한 쪽에 선다. : 마찰력이 더 세져서 무한이가 상상이를 끌어 당기기 힘들어진다.
③ 축구화로 갈아 신는다. : 축구화는 바닥과의 마찰력을 세게 해서 무한이가 상상이를 끌어 당기기 힘들어진다.

④ 가방을 멘다. : 상상이가 무거워져서 마찰력이 세진다.

⑤ 책상 위에서 잡아 당긴다. : 무한이가 책상 위에 있는 상상이를 잡아 당기면, 아래로 당기면서 옆으로 끄는 것이다. 아래로 당기면 상상이에게 무게를 실어주는 효과가 생겨 마찰력이 커지므로, 무한이는 상상이를 잡아 당기기 더 힘들어진다.

점수에 따른 성취도 등급

등급	1등급	2등급	3등급	4등급	5등급	총점
평가	84 점 이상	63 점 이상 ~ 83 점 이하	42 점 이상 ~ 62 점 이하	21 점 이상 ~ 41 점 이하	20 점 이하	105 점
성취도	영재성을 나타내는 성적으로영재교육원 합격권입니다.	상위권 성적으로 영재교육원 합격권입니다.	우수한 성적으로 약간만 노력하면 영재교육원에 갈 수 있습니다.	올해 영재교육원에 가길 원한다면 열심히 노력해야 합니다.	내년 목표로 꾸준하게 영재교육원 대비를 해야 합니다.	

2 창의적 문제해결력 과학

총 50 문제입니다. 문제 배점은 각 문항별 평가표를 참고하면 됩니다. / 단원 말미에서 성취도 등급을 확인하세요.

문 01

P. 56

문항 분석 및 평가표

→ 문항 분석 : 오목거울에 물체를 비추어 보면 광축에 평행하게 입사한 빛이 초점에 모이고, 물체의 위치에 따라 상이 다르게 보입니다. 오목거울의 면과 초점 밖에 있는 물체는 상하가 뒤바뀐 상이 보입니다. 또한, 물체가 거울에서 멀어질수록 작은 상이 보입니다. (유창성, 융통성)

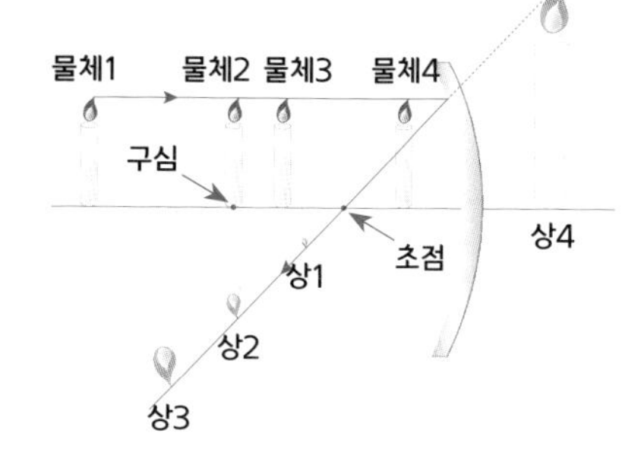

→ 평가표 :

(1) 번 답이 모두 맞는 경우	3 점
(2) 번 답이 맞는 경우	3 점
총합계	6 점

정답 및 해설

→ 정답 : (1) 오목거울로 본 사칙연산 식 : 69 × 6 − 6

정답 : 408

(2) 거울의 앞면에 상이 맺히기 때문에 최대한 거울의 앞면에 눈을 대서 본다.

→ 해설 : (1) 오목거울과 초점 밖에 있는 물체는 상하가 바뀐 상이 보인다. 거울과 달리 좌우는 바뀌지 않은 상이 보인다. 그래서 문제의 식을 위아래로 한 번 뒤집어야 상상이가 낸 문제가 된다.

사칙연산은 곱셈과 나눗셈 먼저 하는 것이 순서이므로, 사칙연산의 정답은 612 입니다.

(2) '실상'은 거울의 앞면에 상이 맺히는 것이고, '허상'은 거울의 뒷면에 상이 맺히는 것이다. 초점 뒤에 있는 물체가 거울에 비친 모습을 보는 것은 거울 앞에 맺힌 상을 직접 보는 것이기 때문에 최대한 상이 맺히는 곳에서 봐야 뚜렷한 상을 볼 수 있다.

문 02

P. 57

문항 분석 및 평가표

→ 문항 분석 : 탄소(C)를 포함하고 있는 물질은 '유기물'이라고 합니다. 불에 잘 타는 물질은 탄소(C)가 포함된 유기물인데, 타면서 물과 이산화탄소를 만들어냅니다. 주의할 점은 이산화 탄소(CO_2)는 탄소를 포함하고 있지만, 유기물이 아닙니다. 또한, 불에 잘 타기 위해서는 축축한 것보다는 물기 없이 바짝 마른 것이 좋습니다.

다이아몬드, 사파이어, 루비 등의 보석류나 돌과 같은 광물은 무기물이라고 합니다. 광물은 발화점이 매우 높아 배에서 불이 나도 타지 않고 남아있을 가능성이 큽니다.

우리의 몸은 지방, 단백질, 탄수화물 같은 유기물로 이루어져 있습니다. 우리가 먹는 음식도 지방, 단백질, 탄수화물이 큰 비중을 차지하고 있습니다. 지방은 칼로리가 높은 물질인데, 이는 불에 태웠을 때 단백질과 탄수화물에 비해 더 많은 에너지를 낸다는 의미입니다. 그래서 똑같은 무게라도 더 많은 에너지를 가진 지방이 많이 포함된 음식을 태우는 것이 효율적입니다. (융통성, 정교성)

→ **평가표 :** (1) 채점 기준

답을 2 가지 쓴 경우	1 점
답을 3 가지 이상 쓴 경우	2 점

(2) 채점 기준

답을 1 가지 쓴 경우	1 점
답을 2 가지 이상 쓴 경우	2 점

(1) + (2) 총합계	4 점

정답 및 해설

→ 정답 : 예시 답안) (1) 빵, 과자, 옷, 머리카락, 나무 박스, 나무로 된 배의 장식
(2) 소금, 사파이어나 루비 등과 같은 각종 보석, 시멘트, 사기그릇, 부싯돌

문항 분석 및 평가표

→ **문항 분석 :** 우리나라에서 나침반이 없을 때 낮에는 해를 시계의 12 시 방향에 두었을 때 시침과 이루는 각의 절반 지점의 방향이 남쪽인 점을 이용해 방향을 알 수 있습니다. 또한, 수풀이 우거져 있거나, 나이테 간격이 넓은 쪽이 남쪽인 점을 통해서도 방향을 알 수 있습니다. 밤에는 북극성의 위치를 보고 방향을 알 수 있습니다.

특이한 것은, 적도 지방에서는 겨울과 여름이 없어 항상 거의 일정하게 성장하기 때문에 나이테가 형성되지 않습니다. (정교성)

→ **평가표 :**

(1) 번 답이 맞는 경우	2 점
(2) 번 답이 맞는 경우	2 점
총합계	4 점

정답 및 해설

→ 정답 : (1) 나무는 20 년을 살았다. 겨울이 되면 나무가 자라는 속도가 여름보다 느려져 진하게 보이고, 이것이 나이테를 만든다. 한번 겨울을 지날 때마다 하나의 나이테가 생기므로, 나이테 하나당 1 년을 살았다고 할 수 있다.

(2) 예시 답안) 나이테의 간격은 남쪽을 향할수록 넓다. 우리나라는 남쪽으로 갈수록 수풀이 우거져 있으므로, 나이테의 간격이 넓은 쪽으로 가면 꽃이 많이 피어있을 것이라고 예상할 수 있다. 그래서 아빠는 나이테를 보고 어디로 갈지 정할 수 있다고 했다.

→ 해설 : (1) 낮이 긴 봄과 여름에는 식물이 잘 자란다. 나무는 봄과 여름에 햇볕을 많이 받아서 굵어지지만, 겨울에는 해가 짧아 햇볕을 많이 받지 못해 많이 굵어지지 못한다. 그래서 이 시기에 자란 부분은 줄기를 잘랐을 때, 진해 보인다. 이 진한 부분이 줄로 보이고, 이를 나이테라고 한다.

겨울을 몇 번 지났는지 알면 나무가 몇 년을 살았는지 알 수 있으므로, 나이테의 수를 세면 된다. 그래서 문제의 나무는 20 년을 살았다고 할 수 있다.

문항 분석 및 평가표

→ **문항 분석 :** 보자기를 묶은 줄을 튼튼한 나뭇가지에 둘러서 잡아 내리면, 보자기가 나무 위로 올라갑니다. 이때 나뭇가지는 '고정 도르래' 역할을 합니다. 고정 도르래는 방향을 바꿔주는 역할을 합니다. 나뭇가지에 줄을 둘러서 잡아 내리면, 나무 위에서 보자기를 끌어올리는 것과 같은 힘이 듭니다. 하지만 줄을 나뭇가지에 둘러 줄을 아래로 잡아 당길 때가 위에서 끌어 올리는 것보다 힘을 주기 쉽고, 몸무게를 실을 수도 있어서 수월합니다. (융통성, 정교성)

⟶ **평가표 :**

(1) 번 쉽게 올릴 수 있는 방법을 쓴 경우	2 점
(2) 번 '마찰'에 의한 것임을 쓴 경우	2 점
총 합계	4 점

정답 및 해설

⟶ 정답 : (1) 예시 답안) ① 튼튼한 나뭇가지에 줄을 두른 후, 한 사람이 땅으로 내려가 밑으로 잡아 내린다.
② 밥을 나눠서 담은 후에 위에서 끌어 올린다.
(2) 무한이의 손과 보자기가 마찰을 일으키고, 그 과정에서 열이 생겼기 때문이다.

⟶ 해설 : (2) 무한이 친구가 보자기를 빼앗으며 한 일이 마찰력으로 손실되어 마찰열이 생기고, 무한이는 뜨거움을 느끼게 된다.

문항 분석 및 평가표

⟶ 문항 분석 : 몸무게를 잴 때, 흔히 kg 이라는 단위를 쓰지만, kg 은 중력에 상관없는 물체의 고유의 양(질량)을 측정할 때 쓰는 단위입니다. 몸무게는 kgf 혹은 kg중 이라는 단위를 써서, 지구의 중력을 받고 있을 때 무게라는 점을 명시해야 합니다.

물체의 어떤 곳을 매달거나 받쳤을 때 한쪽으로 치우치지 않고 균형을 이루는 점이 있는데 그 점을 무게중심이라고 합니다. 물체의 무게중심을 받치면 그 물체는 수평이 됩니다. 시소가 수평이 되는 경우는 받침점이 무게중심을 받치고 있는 경우입니다. 무게가 같은 물체를 시소의 받침점에서 똑같은 거리만큼 양쪽에 떨어뜨려 놓으면 시소는 수평을 이룹니다. 두 물체의 무게가 다른 경우는 물체의 무게가 무거울수록 받침점에서 가까운 거리에 앉습니다. 식으로 나타내면 다음과 같습니다. (정교성)

거리 A × 무게 A = 거리 B × 무게

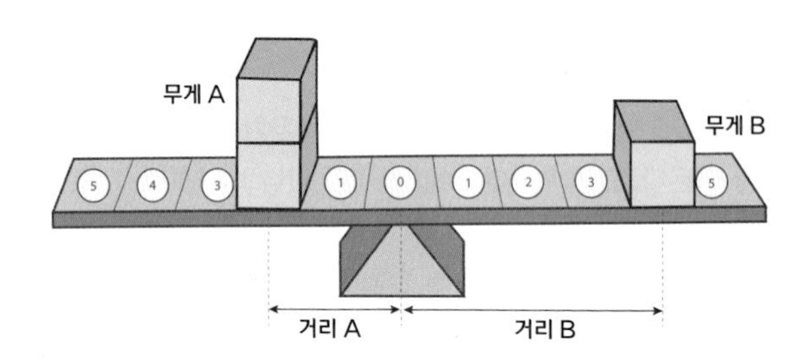

⟶ **평가표 :**

(1) 번 재밌게 타기 위해 어디에 앉을지 바르게 쓴 경우	2 점
(2) 번 답이 맞는 경우	3 점
총 합계	5 점

정답 및 해설

⟶ 정답 : (1) 예시 답안)

① 강호동 아저씨가 앉아있는 쪽이 위로 올라가도록 탄다. 내가 시소 끝에, 강호동 아저씨가 시소의 중간에 가깝게 탄다.

② 내가 앉아있는 쪽이 위에 올라가 있는 모양으로 시소를 유지한다. 내가 시소의 중간에 가깝게, 강호동 아저씨가 시소의 끝에 가깝게 탄다.

③ 강호동 아저씨와 내가 똑같은 높이에 앉아 있도록 시소가 평행을 유지하게 한다. 강호동 아저씨의 몸무게가 2.5 배 크므로, 내가 강호동 아저씨보다 중간에서 2.5 배 떨어진 거리에 앉는다.

(2) 80 kgf

→ 해설 : (2) 'ㄴ' 의 조건을 통해서 무한이와 상상이의 몸무게가 똑같은 것을 알 수 있다.
무한이와 상상이의 몸무게가 m 이라고 하면, 다음과 같다.

4 × m = 1 × (촬영 도구 무게) + 2 × m
(상상이) (촬영 도구) (무한이)

촬영 도구는 2m 으로, 상상이와 무한이의 몸무게보다 2 배 이고, m 의 무게는 40 kgf 이므로 촬영 도구는 80 kgf 이다.

문항 분석 및 평가표

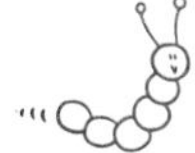

→ 문항 분석 : 크기가 다른 두 저항을 직렬 연결했을 때는 두 저항에 흐르는 전류의 양은 같지만, 전압의 크기는 다릅니다. 저항이 큰 쪽에 큰 전압이 걸립니다. 반대로, 크기가 다른 두 저항을 병렬 연결했을 때는 두 저항에 걸리는 전압의 크기는 같지만, 전류의 양은 다릅니다. 저항이 큰 쪽에 전류가 덜 흐릅니다. (정교성)

→ 평가표 : (1) 채점 기준

답이 맞는 경우	3 점

(2) 채점 기준

직렬 연결과 병렬 연결에 해당하는 그림의 번호를 바르게 쓴 경우	2 점
그림에서 전압과 전류에 해당하는 것을 바르게 쓴 경우	1 점

(1) + (2) 총합계	6 점

정답 및 해설

→ 정답 : (1) 새의 저항이 아주 크기 때문에 새는 감전되지 않는다.

(2)

직렬 연결	②
병렬 연결	①

전압	물이 떨어지는 높이 (수압)
전류	물의 양

→ 해설 : (1) 감전은 흐르는 전류의 양과 시간과 관계가 있다. 흐르는 전류의 양이 많을수록, 전류가 길게 흐를수록 감전이 잘 되고 위험하다. 전기선 위에 앉아 있는 새는 저항이 병렬로 연결된 것과 같다. 전기선보다 저항이 매우 크기 때문에 아주 적은 전류가 흐른다.

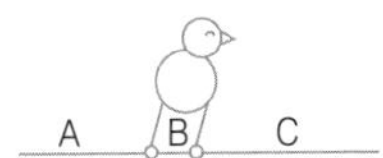

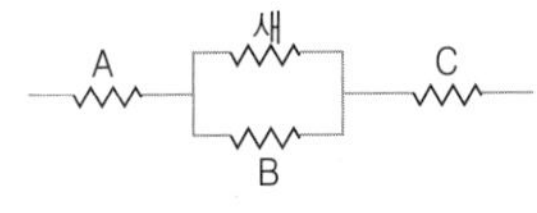

▲ 새가 전기줄에 앉아 있는 모습
(새의 저항) >> (전기줄 저항(A, B, C))
(새의 몸에 흐르는 전류) <<(전기줄에 흐르는 전류)

(2)

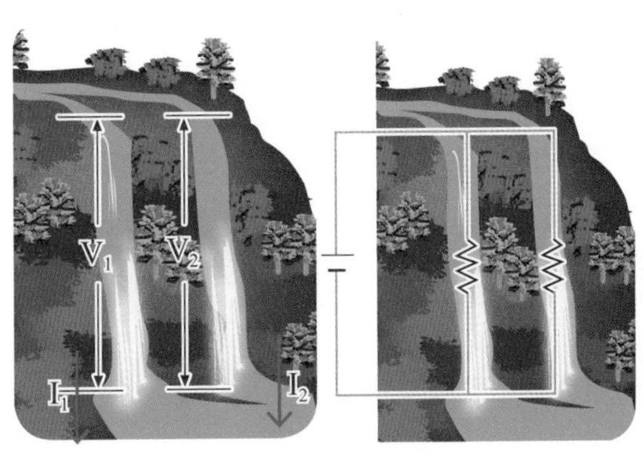

▲ 병렬 연결

$V_1 = V_2 = V_{전체}$
$I_1 + I_2 = I_{전체}$

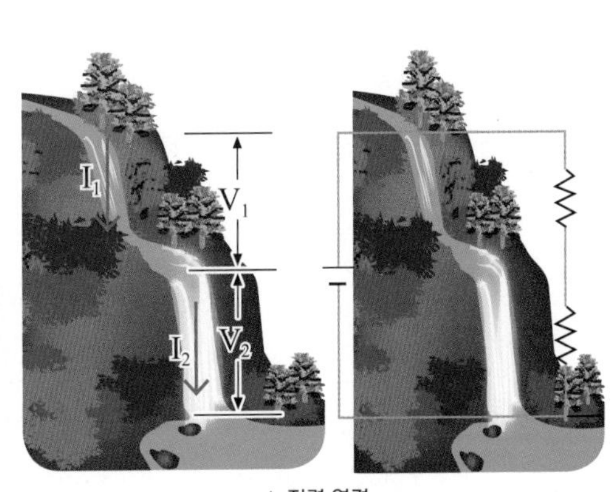

▲ 직렬 연결

$V_1 + V_2 = V_{전체}$
$I_1 = I_2 = I_{전체}$

문항 분석 및 평가표

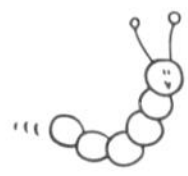

→ **문항 분석 :** 공기 저항이 없는 높은 곳에서 공을 떨어뜨리면, 내려갈수록 위치 에너지가 운동 에너지로 변하면서 속력이 빨라집니다. 롤러코스터도 높은 곳에서 내려오면서 위치 에너지가 운동에너지로 변해 속력을 얻어 움직입니다.

공기 저항이 없는 높은 곳에서 마찰이 없는 경사를 타고 공이 내려오면, 공은 다시 같은 높이만큼 경사를 타고 올라갑니다. 공기 저항이 있다면, 공은 점점 원래 떨어진 높이보다 낮은 높이 만큼만 올라가다가 더 이상 경사를 올라가지 못하고 멈추게 됩니다. (융통성, 정교성)

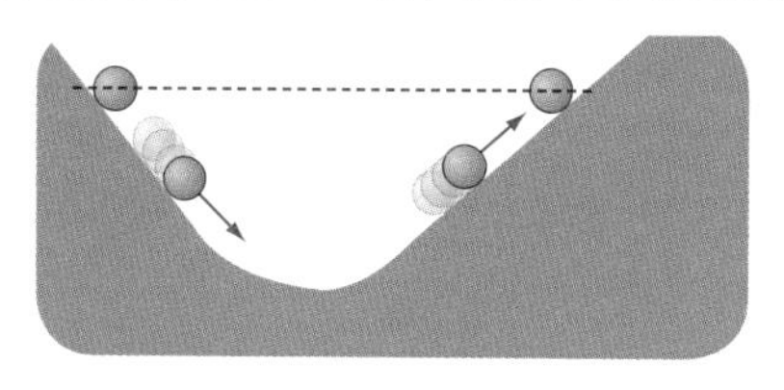

◀ 공은 처음 떨어진 높이와 같은 높이만큼 경사를 타고 올라간다.

→ **평가표 :**

(1) 채점 기준

'에너지 보존 법칙'을 이용해 놀이기구를 설계하고 바르게 설명한 경우	3 점

(2) 채점 기준

기차를 멈추는 방법을 1 가지 쓴 경우	2 점
기차를 멈추는 방법을 2 가지 쓴 경우	3 점

(1) + (2) 총합계	6 점

정답 및 해설

→ **정답 :** 예시 답안)

(1) ① 높은 곳에서 출발하도록 설계한다.

: 높은 곳에서 아래로 내려오면서 위치 에너지가 운동에너지로 변하면서 속력을 얻을 수 있다.

② 기차의 뒷부분에 스프링을 설치하고, 용수철을 압축하여 기차가 출발하도록 설계한다.

: 스프링이 압축했다가 원래의 상태로 돌아가면서 스프링의 위치 에너지가 기차의 운동 에너지로 바뀌면서 속력을 얻을 수 있다.

(2) ① 떨어진 높이보다 높은 경사를 만든다.

② 레일에 고무를 깐다.

③ 선풍기 바람을 기차 앞에 설치한다.

④ 기차 앞과 레일 앞에 자석을 붙여, 같은 극이 마주 보도록 해서 서로를 밀어내는 힘으로 멈추게 한다.

문항 분석 및 평가표

→ **문항 분석 :** 뿌리채소는 보통 곧은 뿌리 식물의 뿌리를 가진 채소입니다. 곧은 뿌리는 가운데에 굵은 뿌리가 곧게 뻗어있고, 옆에 작고 가는 뿌리가 나 있는 형태입니다. (유창성, 독창성)

→ **평가표 :**

(1) 채점 기준

답이 맞는 경우	2 점

(1) + (2) 총합계	5 점

(2) 채점 기준

공통점을 1 가지 말한 경우	2 점
공통점을 2 가지 이상 말한 경우	3 점

정답 및 해설

→ **정답 :** (1) ②, ④, ⑥

(2) 예시 답안) ① 겉에 가느다란 잔뿌리가 있다.
② 겉에 흙이 묻어 있다.
③ 햇빛에 두면 금방 물러진다.
④ 물에 담가두면 싹이 난다.
⑤ 쌍떡잎식물이다. (싹이 날 때 떡잎이 두 장이다.)
⑥ 햇볕이 드는 곳에 두면 초록색을 띠면서 싹이 난다.

⟶ **해설 : (1)** ① 오곡밥에 들어가는 곡식은 열매이다. 쌀알은 벼의 열매이다.
② 인삼차는 뿌리인 인삼을 뜨거운 물에 달인 것이다.
③ 고추는 열매이다.
④ 우리가 쪄서 먹는 고구마는 뿌리 부분이다.
⑤ 빵은 밀 열매를 가루로 가공한 밀가루로 만들었고, 땅콩버터는 열매인 땅콩을 기름과 조리하여 만든 것이다. 땅콩은 열매이지만, 줄기가 땅속으로 파고들어 땅속에서 자란다.
⑥ 자장면에 들어가는 감자와 양파는 뿌리 부분이다.

문항 분석 및 평가표

⟶ **문항 분석 :** 우리나라의 방패연은 연의 가운데가 뚫려있습니다. 연은 넓은 면에 부딪히는 공기의 압력으로 나는 것인데, 압력이 너무 세면 찢어지거나 뒤집힙니다. 그래서 선조들은 방패연에 구멍을 뚫어 공기의 압력을 조절하도록 만들었습니다. (융통성, 독창성)

⟶ **평가표 :**

(1) 채점 기준

답이 맞는 경우	2 점
(1) + (2) 총합계	5 점

(2) 채점 기준

방법을 1 가지 쓴 경우	2 점
방법을 2 가지 이상 쓴 경우	3 점

정답 및 해설

⟶ **정답 : (1)** 바람이 연의 면을 밀어내는 힘으로 연이 난다. 이 힘은 실이 프랭클린을 끄는 힘이 되어 물 위에서 움직이게 만들었다.

(2) 예시 답안) ① 연을 크게 만든다.
② 바람이 더 많이 부는 곳으로 간다.
③ 손을 머리 위로 뻗어 물의 저항을 작게 한다.
④ 줄을 짧게 당겼다가 푸는 과정을 반복한다.

⟶ **해설 : (1)**

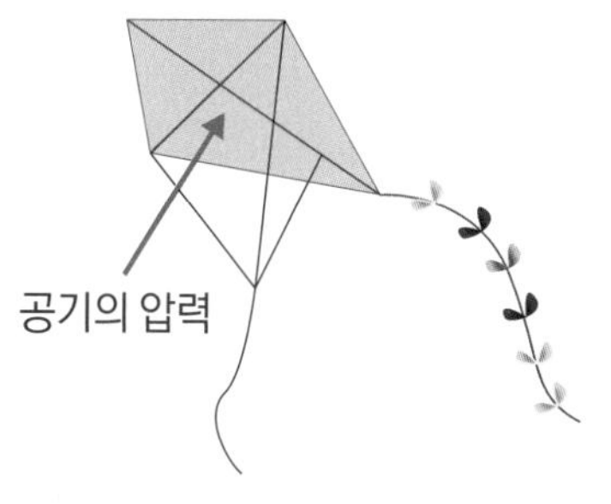

문항 분석 및 평가표

⟶ **문항 분석 :** 지시약으로 산성인지 염기성인지 알 수 있습니다. 장미꽃, 붉은 양배추, 포도, 검은콩으로도 지시약을 만

들 수 있습니다. 이렇게 만든 지시약은 '천연 지시약'이라고 합니다.
천연 지시약은 보통 산성 물질과 반응하면 붉은색, 염기성 물질과 반응하면 푸른색이 됩니다. (정교성)

—> 평가표 :

(1) 번 답이 맞는 경우	2 점
(2) 번 답이 맞는 경우	2 점
총합계	4 점

정답 및 해설

—> 정답 : (1) ㄱ, ㄷ (2) ㄴ, ㄹ

—> 해설 : (1) 장미꽃이 파랗게 변했다는 것은 염기성 물질과 반응했다는 것이다. 파마약을 떨어뜨렸더니 파란색이 됐다고 했으므로, 파마약은 염기성이다.

(2) 중화약을 바르자 따끈해졌다는 것은 산과 염기가 반응해 중화되면서 중화열이 발생하기 때문이다. 파마약은 염기성이었으므로, 중화약은 산성이어야 한다. 사이다에는 탄산이 들어가 있으므로 산성이고, 레몬즙은 시트르산이 들어있는 약산성 물질이다.

문 11
P. 66

문항 분석 및 평가표

—> 문항 분석 : 선인장은 해가 있을 때 꽃을 피우는 경우가 많지만, 한밤에 개화하여 동물들을 불러 모으기도 합니다. 해가 진 뒤에 개화하는 선인장의 꽃은 다음날까지 피어있기도 합니다. 밤에는 박쥐가 꿀을 먹기 위해 찾아오고, 낮에는 개미와 벌 그리고 여러 가지 새로 붐빕니다. 사막의 기후는 건조하고, 낮과 밤의 기온 차가 큽니다.

▲ 선인장 꽃가루

선인장의 꽃은 실제로 새에 의해 꽃가루가 옮겨지는 조매화이지만, 풍매화, 충매화, 수매화의 꽃가루로 그려도 상관없습니다. 사막의 환경을 생각하며 자신이 생각하는 선인장의 꽃가루를 그려봅시다. (독창성, 정교성)

—> 평가표 :

사막의 환경을 이용해 어떤 것을 매개로 할지 정하고 꽃가루를 그에 알맞게 그린 경우	4 점

정답 및 해설

—> 정답 : 예시 답안)

① 낮에는 햇볕이 강하기 때문에 밤에 수분하는 것이 좋다. 밤에는 바람이 많이 불기 때문에 바람에 잘 날아다녀야 할 것 같다. 그래서 민들레 홀씨처럼 깃털이 둘러싸인 모양을 하면 잘 날아다닐 수 있어서 좋다.
② 대부분 사막은 모래로 이루어져 있다. 선인장 꽃가루가 사막의 모래에 뒤덮이지 않도록 흙이 붙지 않는 매끈한 모양이어야 한다.
③ 사막은 밤과 낮의 기온 차가 심하다. 온도 변화에 잘 견딜 수 있도록 공기층으로 둘러싸여 있어야 한다.
④ 사막은 건조한 지역이다. 그래서 꽃가루가 마르지 않도록 물주머니가 있어야 한다.

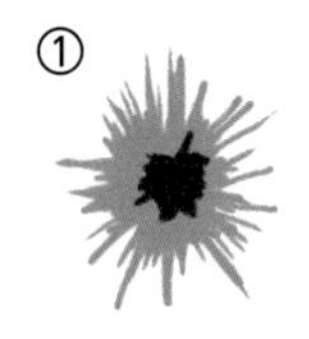

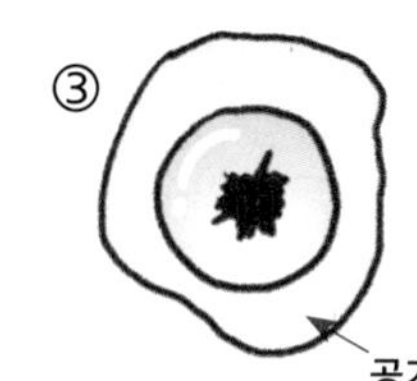

문 12
P. 67

문항 분석 및 평가표

⟶ 문항 분석 : 현재 조류 충돌을 줄이기 위해 공항 주변의 조류 서식지인 초지나 쓰레기 매립지 등을 관리하고, 전문가가 공항 주변의 조류 포획 활동을 할 수 있도록 허가합니다. 폭죽과 화염 신호탄, 혹은 총포의 소음으로 새를 쫓아내기도 합니다. 최근에는 조류의 이동을 분석하고 예상하여 항공기의 충돌 확률을 낮추기도 합니다. (유창성, 독창성)

⟶ 평가표 :

(1) 번 종달새의 조류 충돌을 막을 수 있는 합리적인 방법을 쓴 경우	2 점
(2) 번 답이 맞는 경우	3 점
총합계	5 점

정답 및 해설

⟶ 정답 : (1) 예시 답안)

① 비행장 주변에 종달새가 살 수 있는 농경지나 풀밭을 없앤다.
② 비행장 주변의 종달새를 사냥하여 종달새 수를 제한한다.
③ 공항 주변에 모여있는 종달새 대부분을 포획하여 다른 지역에 방생하고, 그 지역에 종달새가 모이도록 유도한다.
④ 공항과 떨어진 지역에 목초지를 조성하고, 종달새가 좋아하는 먹이를 연구해 목초지에 두어 목초지로 유인한다.
⑤ 종달새의 이동 시기와 이동 경로를 관측하고 예측하여 그 경로를 피해 비행기를 운항한다.

(2) 비행기의 속력은 대기 압력이 작은 성층권에서 약 600 km 이다. 새보다 훨씬 빠른 속도로, 새가 가만히 있더라도 비행기의 속도에 의해 상대속도가 아주 커서 큰 운동 에너지를 가지게 된다. 또한, 항공기의 표면은 유리나 금속으로 되어있어 충격력이 커서 새가 작고 느려도 항공기의 기체가 깨질 수 있다.

⟶ 해설 : (2) 달걀을 폭신한 쿠션 위에 떨어뜨리면 깨지지 않지만, 같은 높이에서 딱딱한 바위에 떨어뜨리면 깨진다. 폭신한 쿠션에서 달걀이 깨지지 않는 이유는 달걀이 폭신한 쿠션에 푹 들어가며 쿠션과 닿는 시간이 길어져서 충격량이 긴 시간에 나눠서 달걀에 전해졌기 때문이다. 반대로 바위에서는 달걀이 바위에 닿는 시간이 짧아 달걀에 충격량이 짧은 시간에 한꺼번에 전해졌기 때문이다. 이와 같이 새가 항공기에 부딪히면 유리나 금속으로 되어 있는 표면에 닿는 시간이 짧기 때문에, 큰 충격이 가해져서 깨지기 쉽다.

문 13
P. 68

문항 분석 및 평가표

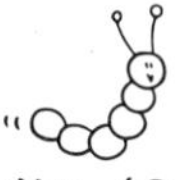

⟶ 문항 분석 : 해설 참조. (융통성)

⟶ 평가표 :

(1) 번 답이 맞는 경우	3 점
(2) 번 답이 맞는 경우	3 점
총합계	6 점

정답 및 해설

⟶ 정답 : (1)

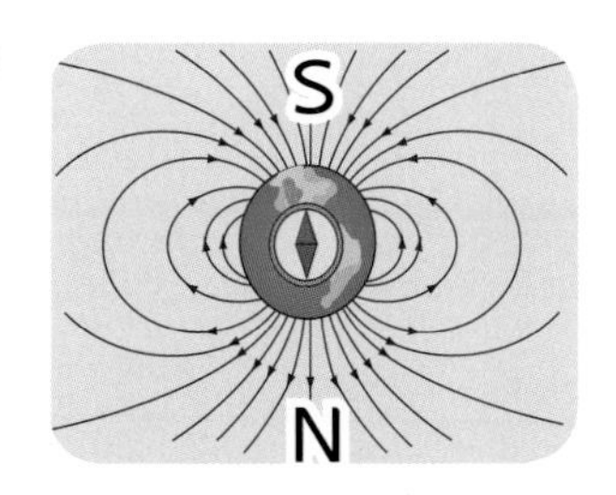

(2) 예시 답안) 지구는 아주 큰 자석이다. 자석은 가까이 있을수록 힘(자기력)이 강하기 때문에 나침반 근처에 자석이나 전선이 있을 때는 지구의 자기력보다 커서 나침반의 방향이 달라질 수 있다. 하지만 자석이나 전선이 어느 정도 멀리 떨어져 있을 때는 지구의 자기력에 따라 나침반의 방향이 결정되어 나침반의 N 극은 항상 북쪽(S 극)을 가리킨다.

→ 해설 : (1) 자기력선은 N 극에서 나와 S 극으로 들어가는 형태로 그린다. 나침반의 N 극은 자석의 N 극과 같다. 자석은 서로 다른 극을 끌어당기기 때문에 나침반의 N 극은 S 극에 끌린다. 그러므로 지구의 북쪽은 S 극이라는 것을 알 수 있다.

(2) 지구에 자기장이 형성된 원인으로 현재 가장 유력한 주장은 지구의 외핵의 운동에 의해서라는 것이다. 외핵은 액체 상태로 되어 있어 자전에 의해 움직이며, 외핵에 포함된 전하에 의해 자기장이 형성된다.

문항 분석 및 평가표

→ 문항 분석 : 일반인의 심장은 평소에 1 분 동안 70 ~ 80 회 박동하고, '스포츠 심장'을 가진 운동선수는 평소에 1 분 동안 40 ~ 50 회 박동합니다. 주의할 점은 스포츠 심장을 가지기 위해 일반인이 급작스럽게 무리한 운동을 하면 오히려 사망률이 증가할 수 있기 때문에 자신의 몸에 맞는 적정량의 근력 운동과 유산소 운동을 하는 것이 좋다고 전문가들은 말합니다. (융통성)

→ 평가표 :

(1) 번 답이 맞는 경우	3 점
(2) 번 답이 맞는 경우	3 점
총합계	6 점

정답 및 해설

→ 정답 : (1) 운동을 하면 온몸에서는 많은 에너지를 필요로 하는데, 에너지를 만들기 위해 영양소를 분해해야 한다. 영양소를 분해하기 위해서는 산소가 필요하기 때문에 혈액을 통해 산소를 빨리 공급해 주기 위해서 심장 박동이 빨라진다.

(2) 운동을 하기 위해서는 에너지가 필요하다. 에너지를 만들기 위한 산소는 혈액을 통해 온몸의 세포로 운반되어야 하므로, 온몸에 혈액을 보내는 좌심실 부분이 강화된다.

→ 해설 : 심장에서 나오는 혈액의 순환에는 온몸을 순환하는 온몸 순환과 폐를 순환하는 폐 순환이 있다. 온몸 순환은 혈액이 온몸을 지나며 조직 세포에 산소와 영양소를 공급해 주고, 조직 세포에서 생긴 노폐물과 이산화 탄소를 받아 온다. 폐순환은 혈액이 폐를 지나며 폐에서 이산화 탄소를 내보내고 산소를 받아 온다. 좌심실에서 나온 혈액이 온몸을 거쳐 우심방으로 들어가고 우심실로 옮겨져 폐의 모세혈관에서 산소를 받아 온다. 산소를 받아온 혈액은 좌심방으로 들어와 좌심실로 옮겨진 뒤 다시 온몸으로 간다.

문항 분석 및 평가표

→ 문항 분석 : 해설 참조. (정교성)

→ 평가표 :

(1) 채점 기준

답이 맞는 경우	2 점
(1) + (2) 총합계	4 점

(2) 채점 기준

방법을 2 가지 쓴 경우	1 점
방법을 3 가지 이상 쓴 경우	2 점

정답 및 해설

→ 정답 : (1) $A < E < B = C = D$

(2) 예시답안) ① 손을 앞으로 뻗는다. ② 페트병을 누른다.
③ 높은 곳으로 올라가 실험한다. ④ 최대한 페트병의 아래쪽에 구멍을 뚫는다.
⑤ 달리다가 갑자기 멈췄을 때 물이 나오도록 한다.

—> 해설 : (1) 수압은 물의 깊이가 깊을수록 크다. 수압은 그릇의 크기나 모양과는 관련이 없다. 그러므로 그림에서 가장 아래에 있는 구멍 B, C, D 에서 수압이 세기 때문에 물줄기가 더 멀리 나간다.

(2) ② 페트병을 누르면 수압에 손으로 직접 누르는 압력까지 더해져 더 멀리 나갈 수 있다.

③ 공을 수평으로 던질 때, 높은 곳에서 공을 던지면 낮은 곳에서 공을 던질 때보다 수평으로 더 먼 곳에 떨어진다. 물도 높은 곳에서 쏠수록 수평으로 더 멀리 나간다.

④ 페트병의 아래쪽이 더 수압이 강하기 때문에 멀리 나갈 수 있다.

⑤ 달리다가 갑자기 멈추면 물은 계속 앞으로 나가려고 하기 때문에 수평으로 더 멀리 가서 바닥에 떨어진다.

문항 분석 및 평가표

—> 문항 분석 : 산을 오를 때 경사가 가파른 길로 오르면 힘들지만, 정상에 일찍 도착할 수 있습니다. 하지만 같은 높이의 산을 경사가 완만한 길로 오르면 덜 힘들지만, 정상에 도착하는데 오래 걸리고 더 많이 걸어야 합니다. 나사못의 경사도 가파르면 못을 돌려서 박을 때 힘이 들지만 적게 돌려도 되고, 경사가 완만하면 힘이 덜 들지만, 많이 돌려야 합니다. (유창성, 정교성)

—> 평가표 :

(1) 번 답이 맞는 경우	2 점
(2) 번 알맞은 형태의 손잡이를 구상하여 그린 경우	3 점
총합계	5 점

정답 및 해설

—> 정답 : (1) B, 경사가 완만해서 적은 힘으로도 뚜껑을 딸 수 있다.

(2) 예시 답안)

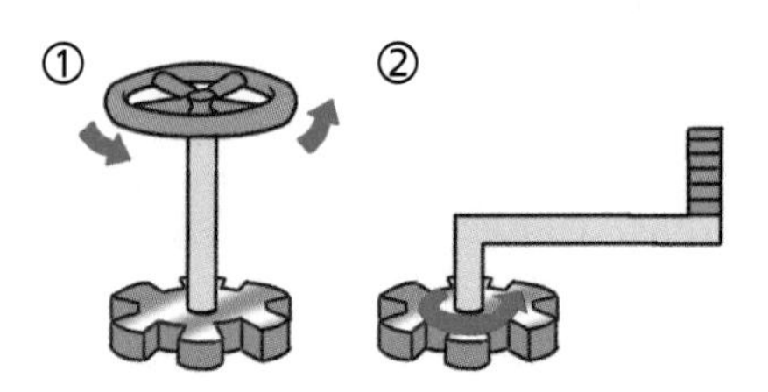

문항 분석 및 평가표

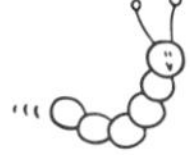

—> 문항 분석 : 엔진의 피스톤은 올라갔다 내려갔다를 반복하면서 자동차의 바퀴가 구르도록 합니다. 피스톤은 일자로 왔다 갔다 하는데, 어떻게 바퀴가 굴러가게 할 수 있을까요?
자전거 페달을 밟을 때를 생각해 봅시다. 허벅지 쪽의 다리는 위아래로 움직이지만, 종아리 쪽의 다리는 원을 그리며 움직입니다. 무릎이 허벅지의 직선 운동(위아래로 움직이는 운동)을 종아리의 원운동(원을 그리며 움직이는 운동)으로 바꿔주는 역할을 합니다. 피스톤 끝에 있는 '크랭크 축'이라는 것이 무릎과 같은 역할을 해서 바퀴가 구를 수 있도록 해줍니다. (유창성, 정교성)

—> 평가표 :

(1) 번 답이 맞는 경우	3 점
(2) 번 답이 맞는 경우	3 점
총합계	6 점

정답 및 해설

⟶ 정답 : (1) 그릇 바닥의 오목한 부분에 있던 공기들이 따뜻한 국그릇의 열로 인해 부피가 팽창하여 그릇과 식탁 사이에 간격이 조금 생기면서 움직인다.

(2) 흡기 밸브를 통해 엔진 내부로 들어온 연료가 점화 플러그에서 나온 불로 폭발적으로 연소하고, 엔진 내부의 공기 압력이 높아지며 팽창해서 피스톤이 밀려난다.

⟶ 해설 : (1) 압력과 기체의 양이 일정하게 유지되는 공간에서 기체의 온도가 올라가면 부피는 팽창한다. 국그릇 바닥에 오목한 부분에 있던 기체들은 국의 열기로 가열이 되고, 팽창하여 국그릇이 살짝 뜨게 된다. 식탁에서 살짝 떠 있는 상태로 미끄러지며 국그릇은 움직인다.

문항 분석 및 평가표

⟶ 문항 분석 : 일반 바닷물의 염분 농도는 3.5 % 이고, 홍해 바닷물은 26 ~ 33 % 입니다. 일반 바다보다 홍해의 염분이 10 배 정도 높습니다. 그래서 사해에서는 일반 바다에서와 달리 몸이 둥둥 뜨는 것을 경험할 수 있습니다.

염분은 바닷물 1 kg 에 함유된 소금 등의 그램 수를 말합니다. 흔히 염분을 나타낼 때는 위의 설명에서 사용한 '%(퍼센트)'의 단위 보다는'‰(퍼밀)'의 단위를 사용합니다. 최근에는 'psu(실용 염분)'의 단위를 사용하기도 합니다. (유창성)

⟶ 평가표 :

(1) 번 답이 맞는 경우	2 점
(2) 번 답이 맞는 경우	3 점
총합계	5 점

정답 및 해설

⟶ 정답 : (1) A > B > C

(2) 서해에서는 동해에서보다 배의 화물 적재량이 적어야 한다. 똑같은 배의 경우 동해에서보다 서해에서 더 많이 가라앉기 때문이다.

⟶ 해설 : (1) 막대의 칸은 네 등분 되어있다. 막대가 모두 잠겼을 때를 농도 0 % 로 가정하면, 수수깡이 완전히 떠올랐을 때는 농도가 100 % 이다. A 비커는 수수깡이 위에서부터 세 번째 칸까지 떠올랐으므로, 농도는 75 % 이다. 그러므로 소금의 양은 $500 \times 0.75 = 375$ 이다. B 비커는 수수깡이 위에서부터 두 번째 칸까지 떠올랐으므로, 농도는 50 % 이고, 소금의 양은 $500 \times 0.5 = 250$ 이다. C 비커의 수수깡도 위에서부터 두 번째 칸까지 떠올랐으므로, 농도는 50 %, 소금의 양은 $250 \times 0.5 = 125$ 이다.

(2) 농도가 진한 액체에서는 농도가 옅은 액체에서보다 물체가 더 많이 떠오른다. 염분이 많으면 밀도가 높아지고, 부력도 커지기 때문이다. 그래서 염분이 높은 동해에서는 서해에서보다 더 무거운 짐을 실어도 배는 안전하게 떠서 운행할 수 있다.

문항 분석 및 평가표

⟶ 문항 분석 : 현재 GPS 는 정확성을 높이기 위해서 인공위성 4 개를 이용합니다. 인공위성은 서로 일정한 거리를 유지하며 움직이는 것이 아니라, 각자의 궤도를 가지고 움직입니다. 인공위성 3 개만을 이용할 경우에는 x, y, z 축 중 최대 2 개가 겹쳐 정확한 위치를 알 수 없습니다. 하지만 인공위성 4 개를 이용하면, 3 개의 인공위성이 2 개의 축을 공유했을 때도 정확한 위치를 알 수 있습니다. (유창성, 융통성)

→ 평가표 :

(1) 번 답이 맞는 경우	2 점
(2) 번 답이 맞는 경우	3 점
총합계	5 점

정답 및 해설

→ 정답 : (1) 한쪽 눈으로는 거리감을 느낄 수 없기 때문이다.

(2) 최소 4 개 있어야 한다. 인공위성은 신호가 어느 정도 떨어진 거리에서 오는지만을 알 수 있기 때문에 정확한 위치를 알기 위해서는 최소 4 개의 인공위성이 있어야 한다.

→ 해설 : (1) 우리 눈이 두 물체 사이의 거리를 비교할 때는 두 눈이 모두 작용하여 상대적인 거리를 비교해서 인식하는 것이기 때문에 두 눈의 시각이 모두 필요하다.

문항 분석 및 평가표

→ 문항 분석 : 사과가 빨갛게 보이는 이유는 여러 색의 빛 중 빨간색이 반사되어 눈에 들어오고, 나머지 빛은 흡수하기 때문입니다. 그래서 햇볕이 뜨거운 날 검은색 옷을 입고 나가면 거의 모든 빛을 흡수하기 때문에 더 뜨겁게 느껴집니다. (융통성, 정교성)

→ 평가표 :

(1) 번 답이 맞는 경우	2 점
(2) 번 답이 맞는 경우	3 점
총합계	5 점

정답 및 해설

→ 정답 : (1) ④, ⑤

(2) 바닥에서는 태양의 빛이 반사된다. 검은 양산을 쓰면 바닥에서 반사된 빛을 모두 흡수해 얼굴로 빛이 오지 않지만, 흰색 양산을 쓰면 바닥에서 반사된 거의 모든 빛이 다시 반사되어 얼굴로 오기 때문에 검은 양산을 쓰는 것을 추천한다.

→ 해설 : (1) 검은색 옷을 입으면 흰색 옷을 입을 때보다 옷 안의 온도가 6 ℃ 정도 높아진다. 옷 안의 데워진 공기는 헐렁한 옷의 윗부분으로 빠져나가고, 외부의 공기가 헐렁한 옷의 아래로 들어오면서 바람이 불게 된다. 바람이 분다고 해서 기온이 내려가는 것은 아니다. 바람이 불면 땀의 증발이 활발해지고, 땀이 증발하면서 열을 빼앗아가기 때문에 시원하게 느껴지는 것이다. 바람이 부는 날 체감 온도가 낮아져서 실제 기온보다 더 춥게 느껴지는 것과 같은 현상이다.

문항 분석 및 평가표

→ 문항 분석 : 해설 참조. (융통성, 정교성)

→ 평가표 :

(1) 번 답이 맞는 경우	2 점
(2) 번 그래프 (A) 와 (B) 의 예를 한 가지씩 모두 적은 경우	2 점
총합계	4 점

정답 및 해설

→ 정답 : (1)

척추동물	(A)
탈피를 하는 동물	(B)

(2) (A) ① 100 mL 의 물에 녹는 소금의 양 ② 뜨거운 물체와 차가운 물체의 열교환
③ 사람이 식사하는 속도 ④ 눈썹이 자라는 속도

(B) ① 얼음의 가열 곡선 ② 학교의 학년이 올라갈 때
③샤프심이 나오는 길이 ④선풍기 풍량을 세게 하기 위해 단수를 높일

⟶ 해설 : (1) 변태, 탈피를 하는 곤충과 갑각류는 딱딱한 외골격을 가지고 있어, 평소에는 자라지 않다가 변태, 탈피를 할 때만 생장이 일어난다. 하지만 척추동물인 인간은 어릴 때 성장 속도가 빠르다가 23 세 성인이 되어서부터 성장 속도가 감소한다.

(2) (A) ① 물에 녹아 있는 소금이 적을 때는 소금이 잘 녹다가 소금을 넣을수록 안 녹기 시작한다.
(x 축 : 넣은 소금의 양, y 축 : 물에 녹은 소금의 양)

② 뜨거운 물체와 차가운 물체가 열을 주고받는데, 처음에는 온도 차이가 많이 나서 열 교환이 활발하게 이루어지다가, 온도가 비슷해지기 시작하면 점점 열 교환이 느려진다.
(x 축 : 시간, y 축 : 열 교환 양)

③ 배고플 때는 음식을 빨리 먹다가 배가 부를수록 먹는 양이 줄어들고 느려진다.
(x 축 : 시간, y 축 : 사람의 위에 들어 있는 음식물의 양)

④ 눈썹을 억지로 뽑은 자리에 새로운 눈썹이 자라면 처음에는 빨리 자라지만 나중에는 잘 안 자란다.
(x 축 : 시간, y 축 : 눈썹의 길이)

(B) ① 얼음을 가열하면 온도가 오르다가 일정한 온도로 유지되는 구간이 있는데, 여기서는 얼음의 상태변화가 일어난다.
(x 축 : 가열 시간, y 축 : 온도)

② 학교에서는 학년이 1 년이 지날 때마다 올라간다.
(x 축 : 시간. y 축 : 학년)

③ 샤프의 촉에서 샤프심이 나오는 길이는 샤프의 펌프를 누를 때마다 갑자기 길어진다.
(x 축 : 샤프의 펌프를 누르는 횟수, y 축 : 나온 샤프심의 길이

④ 선풍기 바람의 세기는 버튼을 누를 때마다 강해진다.
(x 축 : 누르는 횟수, y 축 : 바람의 세기)

문항 분석 및 평가표

⟶ 문항 분석 : '절대영도'라는 것이 있습니다. 과학적으로 생각할 수 있는 최저 온도를 말하는데, 섭씨온도로 −273.15 ℃입니다. 물질의 온도가 절대영도가 되면 에너지를 거의 갖지 않아, 분자의 움직임이 없습니다. (융통성, 정교성)

⟶ 평가표 :

(1) 번 과학적으로 바르게 설명한 경우	3 점
(2) 번 답이 맞는 경우	2 점
총합계	5 점

정답 및 해설

⟶ 정답 : (1) 예시 답안) − 차가운 겨울 길 위에 놓여 있는 차가운 바위는 열을 전자기파의 형태로 내보낸다.
: 아무리 추운 겨울이어도 겨울의 공기보다 차가운 온도는 존재한다. 겨울의 공기와 같은 온도로 길가에 놓여 있던 바위가 − 30 ℃ 였다고 하면, −100 ℃ 의 공간에서는 바위가 비교적 따뜻한 것이다. 이를 통해 차가운 바위도 열을 가지고 있다는 것을 알 수 있고, 열을 가지고 있는 차가운 바위는 전자기파 형태로 열을 내보내고 있다는 것을 알 수 있다.

(2) 히터의 열선에서 나오는 전자기파를 혜원이가 막고 있기 때문이다. 따뜻한 공기가 위로 올라가고, 차가운 공기가 밑으로 내려가며 대류하기 때문에 시간이 지나면 다시 따뜻해진다.

문항 분석 및 평가표

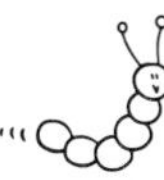

⟶ **문항 분석 : 동그란 비눗방울 두 개가 만나면 어떻게 될까요? 두 비눗방울은 계속 동그란 모양을 유지하고 있을까요? 그렇지 않습니다. 두 비눗방울은 표면장력 때문에 표면적을 작게 하기 위해서 하나의 비눗방울로 합쳐지려고 합니다. (융통성, 정교성)**

⟶ **평가표 :**

(1) 번 답이 맞는 경우	3 점
(2) 번 답이 맞는 경우	3 점
총합계	6 점

정답 및 해설

⟶ **정답 :(1) 납작하게 눌린 모양을 하고 있다.**
물방울이 떨어지면서 밑에서 위로 공기의 저항을 받기 때문에 물방울의 밑면이 납작한 모양이 될 것이다.

▲ 납작하게 눌린 물방울 모습

(2) 세제가 물 사이사이에 들어가 물의 표면장력을 줄여서 얇게 펴질 수 있게 한다. 이때 물의 약해진 표면장력과 세제끼리 잡아당기는 힘이 균형을 이뤄서 터지지 않는 동그란 비눗방울을 만들 수 있다.

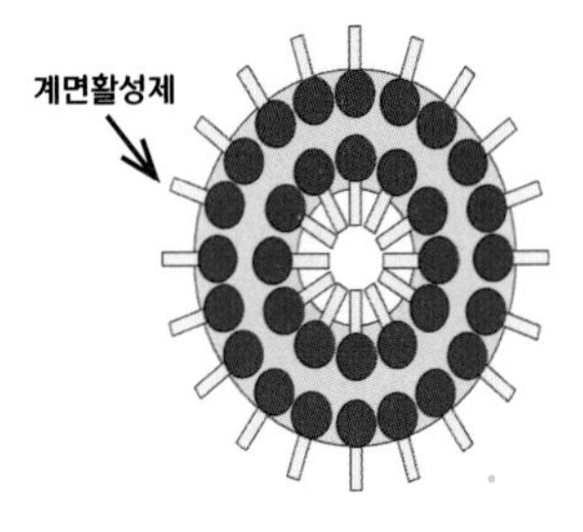

문 24
P. 79

문항 분석 및 평가표

⟶ **문항 분석 : 평면거울은 물체의 좌우가 바뀌어 보입니다. 거울 앞에서 왼손을 들면 거울 속에 비친 나는 오른손을 들고 있는 것처럼 보입니다. (정교성)**

⟶ **평가표 :**

(1) 번 답이 맞는 경우	2 점
(2) 번 답이 맞는 경우	3 점
총합계	5 점

정답 및 해설

⟶ **정답 :(1)**

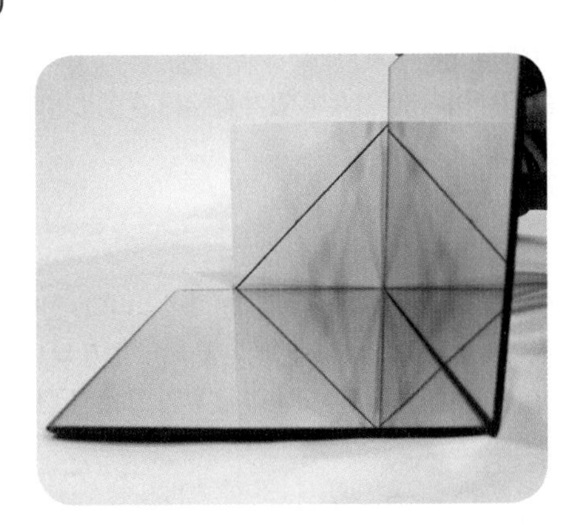

(2) 무수히 많은 선을 볼 수 있다. 그림이 거울에 반사되고, 반사된 상이 맞은편의 거울에 다시 반사되고, 그 상이 다시 맞은편의 상에 반사되는 것이 반복되어 우리 눈에 들어오기 때문이다.

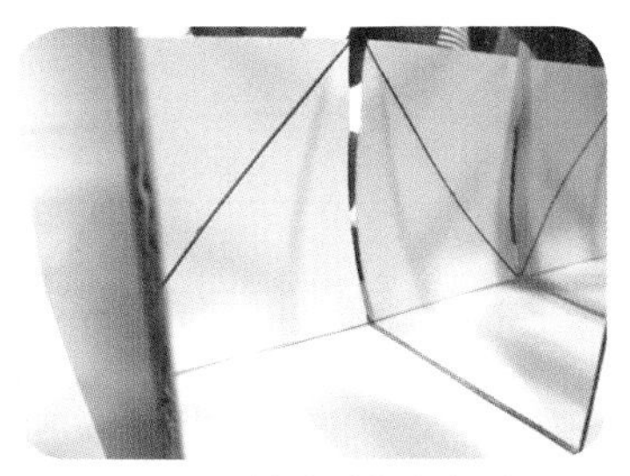
▲ 오른쪽 거울을 봤을 때의 모습

문 25
P. 80

문항 분석 및 평가표

⟶ **문항 분석 :** 과포화 용액은 용매에 녹을 수 있는 용질의 양이 최대치를 넘은 용액을 말합니다. 용액을 뒤섞거나 작은 결정을 넣으면 순식간에 용질이 고체가 됩니다. 시럽은 설탕과 물을 1:1 비율로 넣고, 물을 끓여서 증발시켜 과포화 용액으로 만든 것입니다. 시럽은 과포화 용액이기 때문에 끓이는 동안 휘저으면 설탕이 순식간에 결정이 됩니다. (독창성, 정교성)

⟶ **평가표 :** (1) 채점 기준

답이 맞는 경우	2 점
(1) + (2) 총합계	4 점

(2) 채점 기준

특징을 1 가지 쓴 경우	1 점
특징을 2 가지 이상 쓴 경우	2 점

정답 및 해설

⟶ **정답 :** (1) ㄱ, ㄹ, ㅁ

(2) 예시 답안) ① 투명하게 보인다.
② 가라앉거나, 떠다니는 부유물이 없다.
③ 액체의 모든 부분의 농도가 일정하다.
④ 시간이 지나도 가라앉는 것이 없다.

⟶ **해설 :** (1) ㄱ. 투명하고, 용매에 용질이 일정하게 녹아있는 용액이다.

ㄴ. 미숫가루는 물에 녹지 않아서 가루가 떠다니는 것이 보인다. 우유가 희게 보이는 것도 용액이 아닌 혼합물이기 때문이다.

ㄷ. 후추는 물에 녹지 않고 떠 있는 것이 보인다. 곰국도 맑지 않은 혼합물이다.

ㄹ. 시럽은 과포화 용액이며, 모든 부분의 설탕의 농도가 일정하다.

ㅁ. 이온들이 물에 일정하게 녹아있는 용액이다.

ㅂ. 주스는 농도가 일정한 용액이지만, 과육이 있기 때문에 혼합물이다.

문 26
P. 81

문항 분석 및 평가표

⟶ **문항 분석 :** 바닷물에 가장 많이 녹아있는 소금은 물에 잘 녹는 전해질입니다. 전해질이란 물 등의 용매에 녹아 이온이 되어 전류를 흐르게 하는 물질을 말합니다. 건전지를 바닷물에 넣으면 소금의 이온(Na^+, Cl^-)이 건전지의 (−)극과 (+)극으로 이동해서 전자를 주고받아 전류가 흐르게 됩니다. (유창성, 정교성)

⟶ **평가표 :**

(1) 번 답이 맞는 경우	2 점
(2) 번 답이 맞는 경우	3 점
총합계	5 점

정답 및 해설

—> 정답 : (1) 바닷물에는 소금이 녹아 있어서, 작은 물고기의 몸에서 나오는 약한 전류가 상어에게 전달될 수 있다.

(2) 1 분이 지나면 건전지가 바닷물에서 모두 방전이 되어 건전지의 전압이 낮아지고, 상어가 놀랄 만큼의 전류가 흐르지 않기 때문에 1 분 정도만 상어를 위협할 수 있다.

—> 해설 : (1) 상어는 작은 물고기의 몸에서 나오는 약한 전류를 느낀다.

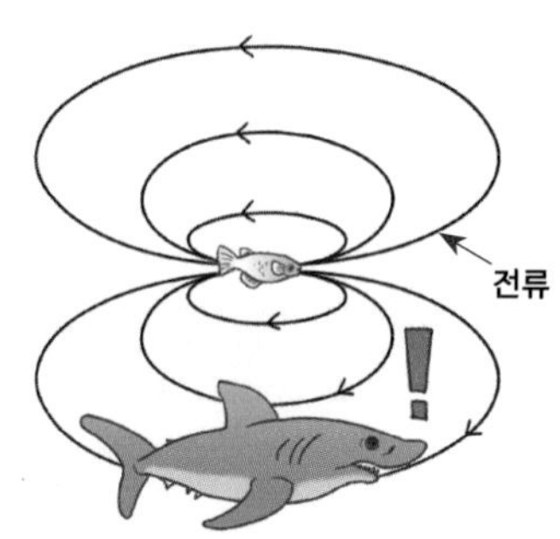

문 27
P. 82

문항 분석 및 평가표

—> 문항 분석 : 두 물체 A, B 가 각각 v_A, v_B 의 속도로 움직이고 있을 때, 물체 A 가 본 물체 B 의 속도를 물체 A 에 대한 물체 B 의 상대속도라고 합니다. 움직이는 차를 타고 창밖을 볼 때, 땅에 뿌리를 내리고 있는 가로수들이 뒤로 움직이는 것 같아 보입니다. 이것은 차에 대한 가로수의 상대속도가 뒤쪽으로 움직이는 방향이기 때문입니다. (정교성)

—> 평가표 :

(1) 번 답이 맞는 경우	2 점
(2) 번 답이 맞는 경우	3 점
총합계	5 점

정답 및 해설

—> 정답 : (1) ㄷ, 비는 수직 방향으로 내리고, 훈영이는 오른쪽으로 움직인다고 하면, 비의 상대속도의 방향은 왼쪽으로 기울어진 아래쪽이다. 그래서 오른쪽으로 움직이는 훈영이는 앞쪽으로 우산을 기울여 쓰고 가야 한다.

(2) 조영이의 말이 맞다. 집까지 뛰어가면 비를 맞는 면적은 넓어지지만, 비를 맞는 시간이 훨씬 줄어들기 때문에 결과적으로 걸어가는 것보다 비를 덜 맞는다.

—> 해설 : 비가 5 m/s 의 속력으로 내리고 있고, 사람의 걷는 속도가 2 m/s, 뛰는 속도가 5 m/s 일때, 500 m 떨어진 집까지 걸어가면 250 초가 걸리고, 뛰면 100 초가 걸린다. 빗방울은 1 m^2 당 10 방울이 내린다고 하고, 사람을 밑면의 넓이가 1 m^2 이고, 높이가 2 m 인 직육면체라고 가정하면 걸어서 집으로 갈 때는 (10 방울/m^2·s × 1 m^2 × 250 초) = (2500 방울) 을 맞는다. 뛰어서 집으로 갈 때는 (10 방울/m^2·s × 1.4 m^2 ×100 초) = (1400 방울) 을 맞는다. 그러므로 뛰어서 집으로 갈 때가 비를 덜 맞는다.

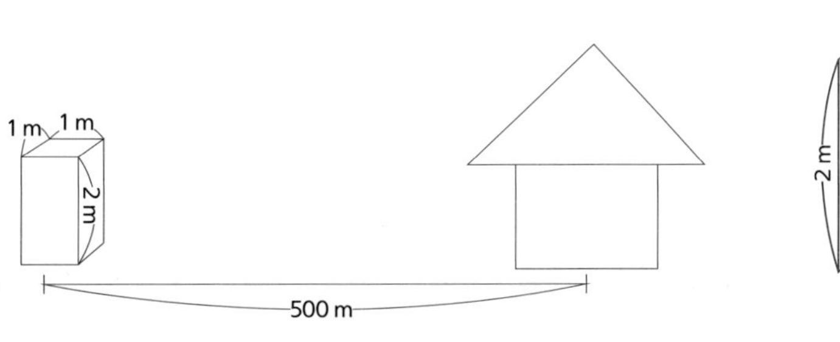

▲ 사람이 직육면체라고 가정했을 때

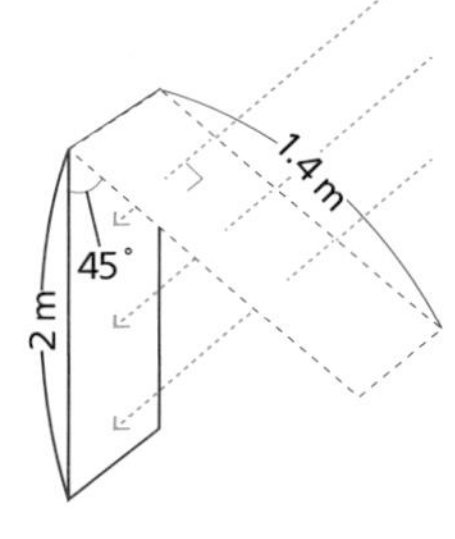

▲ 사람이 비를 맞는 면적

문항 분석 및 평가표

→ **문항 분석 : 해설 참조. (독창성, 정교성)**

→ **평가표 :** (1) 채점 기준

답이 맞는 경우	2 점
(1) + (2) 총합계	4 점

(2) 채점 기준

방법을 1 가지 쓴 경우	1 점
방법을 2 가지 이상 쓴 경우	2 점

정답 및 해설

→ **정답 : (1) 초코파이 속에는 마시멜로가 있는데, 마시멜로 사이사이에는 작은 공기주머니가 많다. 비행기가 하늘로 올라가면서 기압이 살짝 낮아지고, 마시멜로 안에 있던 공기가 팽창한다. 공기가 팽창하여 커진 마시멜로가 초코파이의 초코 코팅 부분에 금이 가게 한다.**

(2) ① 바깥 공기에 영향을 받지 않을 만한 딱딱한 상자에 초코파이를 넣고 밀폐해서 비행기 우편으로 보낸다.
② 초코파이의 모양의 딱딱한 틀에 초코파이를 딱 맞게 넣고, 틀이 열리지 않게 잘 잠가서 보낸다.
③ 초코파이에 마시멜로 대신 크림이 들어가 있는 초코파이를 사서 보낸다.
④ 초코파이의 바닥에 눈에 잘 보이지 않는 작은 구멍을 몇 개 뚫어서 다시 포장해 보낸다.

→ **해설 : (2) ①밀폐된 딱딱한 상자는 외부의 기압이 낮아져도 상자의 부피에 변화가 없어 상자 내부는 지상에서의 기압으로 똑같이 유지된다. 그래서 딱딱한 상자 안에 들어있는 초코파이도 모양에 변화가 없다.**

② 초코파이를 모양이 딱 맞는 틀에 넣으면 딱딱한 상자에 초코파이를 넣는 것과 같이, 기압과 부피가 지상에서와 똑같이 유지되기 때문에 초코파이 모양에 변화가 없다.

④ 초코파이 내부에 공기가 들어갔다 나올 수 있어 마시멜로 안의 작은 공기주머니에 부피 변화가 생기지 않고, 모양에 변화가 생기지 않는다.

문항 분석 및 평가표

→ **문항 분석 : 해설 참조. (유창성, 정교성)**

→ **평가표 :**

틀린 부분을 바르게 찾은 경우	2 점
틀린 부분과 틀린 이유를 바르게 쓴 경우	4 점

정답 및 해설

→ **정답 :**

	틀린 부분	틀린 이유
1	둘 다 저렇게나 밝은 걸 보니깐 지구에서 멀지 않은 별들인가 봐!	실제로 별이 아주 밝거나 크기가 크다면, 지구에서 멀리 떨어져 있어도 밝게 보일 수 있기 때문이다.
2	빨간 별은 진짜 뜨거울 거야 하얀 별은 시원하고, 그지?	실제로 빨간색 별보다 하얀색 별이 더 뜨겁다.

→ **해설 : 별의 밝기를 나타내는 등급에는 겉보기 등급과 절대 등급 두 가지 종류가 있다. 겉보기 등급은 지구에서 맨눈으로 본 별의 밝기를 등급으로 나타낸 것이다. 겉보기 등급이 작을수록 밝은 별이다. 절대 등급은 별이 지구에서 약 33 광년 떨어진 곳에 있다고 가정할 때 별의 밝기를 등급으로 나타낸 것이다. 절대 등급이 작을수록 별이 실제로 방출하는 에너지양이 많다. (겉보기 등급) − (절대 등급) 의 값이 작을수록 가까운 별이다.**

별은 표면 온도에 따라 색깔이 다르게 나타난다. 표면의 온도는 파란색 별이 가장 높고, 청백색, 흰색, 황백색, 노란색, 주황색, 붉은색 순이다. 파란색 별의 표면 온도는 30,000 ℃ 이상이고, 붉은색 별의 표면 온도는 3,500 ℃ 이하이다.

문 30
P. 85

문항 분석 및 평가표

⟶ **문항 분석 :** 홍학은 한 발로 서서 자신의 몸에 긴 목을 누이고 잡니다. 두 발로 서서 잠을 잘 때보다 한 발로 서서 잘 때가 열이 덜 빠져나가기 때문입니다. 말은 대부분의 시간을 서서 자는데, 맹수가 공격해 올 때 얼른 달아나기 위해서입니다. 하지만 안전하다고 판단될 때는 잠시 누워서 휴식을 하기도 합니다. (융통성)

⟶ **평가표 :**

박쥐가 잠자는 모습을 환경과 몸의 구조를 이용해 설명한 경우	4 점

정답 및 해설

⟶ **정답 :** 예시답안) ① 다리와 날개가 약해서 지면에서 발돋움하거나 날개짓을 해서 스스로 비행을 할 수 없다. 그래서 적이 잠자는 도중에 접근했을 때 작은 힘으로 얼른 날아가기 위해서 동굴의 천장에 매달려 잠을 잔다.

② 다리와 날개가 약한 박쥐는 위에서 떨어지면서 비행을 해야 한다. 잠자는 도중에 적이 접근했을 때 얼른 날아가야 하기때문에 최대한 위에서 잠을 자야 한다. 하지만 동굴에는 나뭇가지가 없기 때문에 동굴의 천장에 거꾸로 매달려 잠을 잔다.

③ 박쥐는 눈을 뜨고 자는데, 잠자는 도중 눈에 빛이 반사되어 적에게 위치가 노출될 수 있기 때문에 날개로 눈을 가리고 잠을 잔다.

④ 박쥐는 눈을 뜨고 잠을 자기 때문에 눈이 부셔서 빛을 가린 채로 잠을 잔다.

문 31
P. 86

문항 분석 및 평가표

⟶ **문항 분석 :** 해산물이 택배로 배달 올 때, 어떻게 포장이 되어있는지 본 적이 있나요? 해산물은 금방 상하기 때문에 시원하게 보관해야 합니다. 그래서 배달을 할 때는 해산물을 얼음과 함께 스티로폼 상자에 포장합니다. 스티로폼은 열전도율이 낮기 때문에, 스티로폼 상자 속에 포장된 얼음이 빨리 녹지 않고 박스 안이 차갑게 유지됩니다. 그래서 배달되는 동안 해산물이 신선하게 유지될 수 있습니다. (정교성)

⟶ **평가표 :**

답이 맞는 경우	4 점

정답 및 해설

⟶ **정답 :** 알탐이가 아이스크림을 사서 무한이에게 줬을 것이다.

⟶ **해설 :** 열전도율은 금속 > 유리 > 나무 순으로 크다. 열전도율이 클수록 열평형 상태에 금방 도달하므로 상자 내부의 온도가 빠르게 올라간다. 열전도율이 큰 금속으로 되어있는 상자는 상자 바깥의 온도와 상자의 온도가 금방 비슷해져서 얼음이 빨리 녹는다.

문항 분석 및 평가표

⟶ **문항 분석 :** 물체의 어떤 곳을 매달거나 받쳤을 때 수평으로 균형을 이루는 점을 '무게 중심'이라고 합니다. 물체를 기울였을 때 무게 중심으로부터 지표면에 내린 수선이 물체의 밑면의 범위를 벗어나면 물체는 넘어집니다. 등껍질이 둥근 거북이는 자신의 무게 중심이 밑면의 범위를 벗어나도록 해서 몸을 뒤집습니다. (유창성, 정교성)

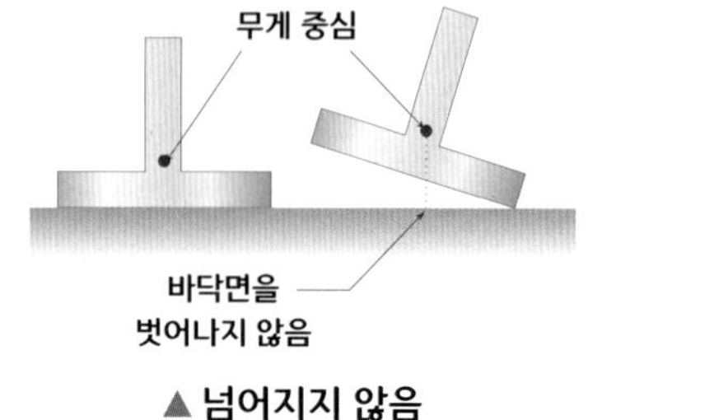

▲ 넘어지지 않음

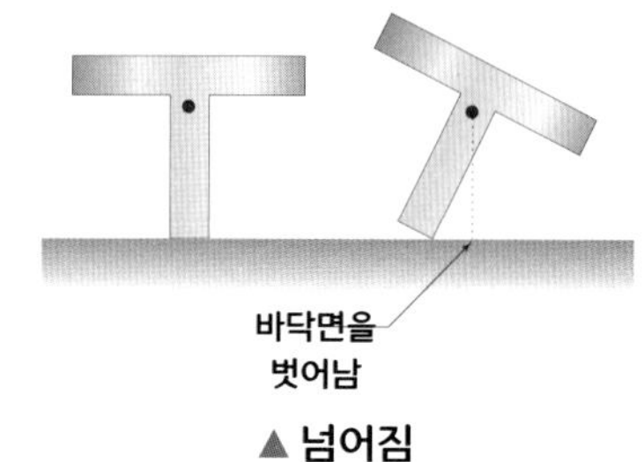

▲ 넘어짐

⟶ 평가표 :

둥근 거북이가 몸을 뒤집는 방법을 설명한 경우	2 점
둥근 거북이가 몸을 뒤집을 수 있는 이유를 설명한 경우	3 점
총합계	5 점

정답 및 해설

⟶ 정답 : 등껍질이 둥근 거북이는 팔다리를 움직여 몸 전체가 좌우로 크게 왔다 갔다 하도록 만든다. 몸 전체가 크게 그네처럼 흔들리다가 몸을 뒤집는다. 등껍질이 둥근 거북이는 바닥과 닿는 표면적이 작고 무게 중심이 비교적 위쪽에 있어 몸을 기울여 뒤집기 쉽다.

⟶ 해설 : 등껍질이 둥근 거북이는 뒤집어졌을 때 등껍질이 평평한 거북이보다 무게 중심이 비교적 위에 있고, 땅에 닿은 등껍질의 면적이 작다. 그래서 그네처럼 좌우로 많이 흔들릴 수 있다.

하지만 등껍질이 둥근 거북이와는 다르게 오뚝이는 무게 중심이 아래에 있어 좌우로 많이 흔들려도 쉽게 넘어지지 않는다.

문 33
P. 88

문항 분석 및 평가표

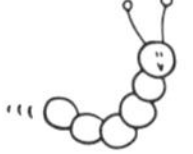

⟶ 문항 분석 : 표면에서 정반사가 일어나는 물체를 정면에서 바라보면 자신의 모습이 비칩니다. 하지만 난반사가 일어나는 물체를 정면에서 바라보면 자신의 모습이 비치지 않고, 물체의 표면이 보입니다. (융통성, 정교성)

⟶ 평가표 : (1) 채점 기준

답이 맞는 경우	3 점
(1) + (2) 총합계	6 점

(2) 채점 기준

정반사를 하는 물건은 '비친다'는 공통점 외에 다른 것을 쓴 경우	2 점
정반사를 하는 물건은 '비친다'는 공통점을 쓴 경우	3 점

정답 및 해설

⟶ 정답 : (1) 호수의 표면에서 햇빛이 정반사되기는 하지만, 호수의 표면이 조금 물결이 쳐서 정반사된 빛이 눈 쪽으로 들어왔다가 눈에서 벗어났다가 하기 때문이다.

(2) 예시 답안) ① 주변의 사물이나 빛이 표면에 비친다.
② 표면이 매끈하다.
③ 빛이 잘 흡수되지 않는다.

⟶ 해설 : (1) 잔잔한 물결이 치는 호수의 표면은 작은 거울 조각들을 움직이는 것과 같다. 거울 조각 하나를 보면 햇빛을 정반사한다. 이 거울 조각들을 모두 모아 흔들면 거울이 이리저리 움직이면서 거울의 표면에서 반사된 빛이 눈으로 들어왔다가 눈에서 벗어났다 하며 반짝거리는 것처럼 보인다.

(2) 정반사하는 물건의 큰 특징은 표면에 주변의 사물이나 빛이 비친다는 것이다.

문항 분석 및 평가표 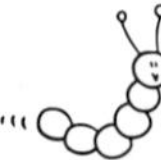

—> 문항 분석 : 해류에는 표층 해류와 심층 해류가 있습니다. 표층 해류는 바람 때문에 바다의 표면에서 일정한 방향으로 흐르는 해류가 생기는 것을 표층 해류라고 합니다. 표류할 때 영향을 미치는 것은 표층해류입니다. 심층 해류는 수온과 염분으로 인한 밀도 차로 바다의 깊은 곳에서 물이 순환하여 생기는 해류를 말합니다. 심층 해류는 표류를 하는 데에 영향을 거의 주지 않습니다. (정교성)

—> 평가표 :

(1) 번 답이 맞는 경우	3 점
(2) 번 답이 맞는 경우	3 점
총합계	6 점

정답 및 해설

—> 정답 : (1) 해류와 바람에 휩쓸리기 때문에 노를 젓지 않아도 이동할 수 있다.

(2) 바다의 일렁거림은 수직으로 진동하므로 남자를 앞으로 나아가도록 할 수 없다. 진행방향의 수직으로 진동하는 파동 위의 한 점은 위아래로만 진동하고, 앞으로 이동하지 않는다.

—> 해설 : (1) 노를 젓지 않아도 바다에는 '해류'라고 하는 물의 흐름이 있어 나무판자가 움직인다. 또한, 바람이 불면 바람이 부는 방향으로 나무판자가 움직인다.

(2) 긴 실의 한쪽 끝을 잡고 위아래로 흔들면 실이 진행방향의 수직으로 진동하는 파동이 된다. 이때 실의 각 부분은 위아래로만 흔들리고 파동과 함께 진행하지 않는다. (파동과 함께 진행했다면, 잡고 있던 실은 손에서 사라진다.)

문항 분석 및 평가표 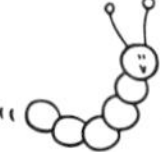

—> 문항 분석 : 스케이트 보드를 타고 벽을 힘껏 밀면 벽을 밀었던 반대방향으로 운동하게 됩니다. 이것은 작용과 반작용 법칙 때문에 나타나는 현상입니다. 반작용이란 물체에 힘을 주는 순간 물체로부터 받는 크기는 같고 방향은 반대인 힘을 말합니다. (정교성)

—> 평가표 :

(1) 번 답이 맞는 경우	3 점
(2) 번 답이 맞는 경우	3 점
총합계	6 점

정답 및 해설

—> 정답 : (1) 영재가 석상을 끌기 위해 힘을 주면, 같은 힘으로 석상이 영재를 끌어당기는 힘이 작용한다. 영재는 석상보다 훨씬 가볍기 때문에 석상이 아주 조금 끌려오는 동안 영재는 석상 쪽으로 더 많이 끌려갔다.

(2) ①, ②, ③ 의 경우 모두 같은 거리만큼 밀렸다.

—> 해설 : (2) ① 무한이가 10 N 의 힘으로 영재를 밀면 영재를 민 반작용힘이 10 N 작용해서 10 N 의 힘을 받은 것처럼 뒤로 밀린다.

② 영재가 10 N 의 힘으로 밀면 무한이는 10 N 의 힘을 받은 만큼 뒤로 밀린다.

③ 무한이가 10 N 의 힘으로 영재를 밀면 영재는 자동적으로 무한이를 10 N 을 미는 것이다. 그래서 무한이는 ① 번, ② 번과 같은 거리만큼 밀린다.

문항 분석 및 평가표 

—> 문항 분석 : 삼투압 현상이란 농도가 다른 두 액체 사이를 반투막으로 막아 놓았을 때, 농도가 낮은 쪽에서 농도가 높

은 쪽으로 용매가 옮겨가는 현상을 말합니다. 우리 몸의 체액보다 높은 농도의 물을 마시면 몸에서 수분이 빠져나가 위험할 수 있습니다. 적당한 양의 무기물이 섞여 있는 물을 마셔야 몸에 잘 흡수됩니다. (유창성, 정교성)

—> 평가표 :

(1) 번 답이 맞는 경우	2 점
(2) 번 답이 맞는 경우	2 점
총합계	4 점

정답 및 해설

—> 정답 : (1) 소금의 농도가 높은 짠 바닷물이 몸에 들어오면, 삼투압 현상으로 인해 몸에서 수분이 빠져나가 탈수가 생기므로 바닷물은 마실 수 없다.

(2) 물의 농도가 높거나 낮지 않고, 몸의 체액과 비슷한 이온음료 등이 좋다.

—> 해설 : 물의 농도가 체액보다 낮으면 삼투압 현상에 의해 많은 물이 세포로 흡수된다. 많은 물을 흡수한 세포는 기능이 둔화되며, 우리 몸의 신진대사도 원활하지 못하게 될 수 있다.

문항 분석 및 평가표

—> 문항 분석 : 모기 물린 곳은 빨갛게 부어오르고 가려움을 느끼게 되는데요, 이유는 모기가 피를 빨기 위해 분비한 물질 때문입니다. 모기가 피를 빨기 위해 긴 주둥이를 피부에 꽂아 넣을 때, 혈액이 응고되지 않도록 히루딘이라는 물질을 분비합니다. 몸에서는 이 물질에 대해 알레르기 반응이 일어나며 빨갛게 부어오르고 가려워집니다. 모기의 침은 산성이어서 부어오르기 전에 염기성인 비누로 씻어내면 가려움이 줄어듭니다.(정교성)

—> 평가표 :

(1) 번 예시 답안 중 한 가지를 답으로 쓴 경우	2 점
(2) 번 답이 맞는 경우	3 점
총합계	5 점

정답 및 해설

—> 정답 : (1) 예시답안)

① 모기에 물려 붓고 가려운 곳에 얼음찜질을 하면 피부감각이 둔해져 마취 효과처럼 가려움증이 완화된다.

② 혈액순환을 늦춰서 독소가 주변부로 번지는 것을 예방할 수 있다.

(2) 모기의 침에 있는 산성 성분을 염기성인 침이나 묽은 암모니아수가 중화시키고, 염증이 완화된다.

문항 분석 및 평가표

—> 문항 분석 : 소화란 음식물을 잘게 쪼개서 몸에 흡수될 수 있는 형태로 분해하는 과정을 말합니다. 소화에는 기계적 소화와 화학적 소화 두 가지가 있습니다. 입에서 씹거나 위에서 음식물을 더 잘게 쪼개고 뒤섞는 등의 소화 과정이 기계적 소화에 속합니다. 입에서 침(아밀레이스)으로 녹말을 엿당으로 분해하거나 위산으로 단백질을 분해하는 등의 소화 과정은 화학적 소화입니다. (정교성)

—> 평가표 :

(1) 번 답이 맞는 경우	3 점
(2) 번 답이 맞는 경우	2 점
총합계	5 점

정답 및 해설

→ 정답 : (1) 탄산음료를 마시면 탄산음료에 녹아 있던 기체들이 위에 꽉 차게 되어 위벽에 자극을 느끼다가, 기체가 트림으로 나오면서 빈 공간이 생겨 잠시 소화가 된 느낌을 받지만, 소화와는 관계가 없다.

(2) 탄산음료에 들어있던 이산화 탄소 기체들이 따뜻한 몸 속에 들어가 팽창한다. 팽창한 기체들이 식도로 올라가면서 트림을 하게 된다.

→ 해설 : (1) 입에서는 음식물을 잘게 부수고, 혀로 섞은 뒤 물러지게 하여 삼킬 수 있도록 한다. 위에서는 소화를 돕는 액체를 분비하여 음식물과 섞고, 음식을 더 잘게 쪼갭니다. 탄산음료는 음식물을 물리적으로 쪼개는 역할을 하지 않으므로 소화에 도움을 주지 않는다.

(2) 탄산음료는 음료에 이산화 탄소 기체를 녹인 것이다. 기체는 액체가 따뜻할수록 덜 녹습니다. 탄산음료가 따뜻한 위 속으로 들어가면 기체가 녹아있지 못하고, 기체상태로 위 내부를 꽉 채운다. 이때 가스가 위에 꽉 차면 한꺼번에 식도를 통해 입 밖으로 빠져나와 트림하게 된다.

문 39
P. 94

문항 분석 및 평가표

→ 문항 분석 : 해설 참조. (융통성, 정교성)

→ 평가표 :

(1) 채점 기준

이유를 1 가지 쓴 경우	1 점
이유를 2 가지 이상 쓴 경우	2 점

(2) 채점 기준

두 개의 예시 답안 중 한 가지 이상을 답으로 쓴 경우	3 점
(1) + (2) 총합계	5 점

정답 및 해설

→ 정답 : (1) ① 기차와 레일 사이의 충격을 흡수하기 위해서이다.
② 물을 잘 빠지게 하기 위해서이다.
③ 잡초가 자라지 않게 하기 위해서이다.
④ 시끄러운 소리를 흡수하기 위해서이다.

(2) ① 금속이면 계절과 온도에 따라 수축하여 레일이 휘어진다.
② 금속이면 금속끼리 부딪쳐 충격이 더 커지고. 깨지기 쉽다.
③ 충격 흡수제로 가격이 저렴하고 쉽게 구할 수 있는 재료이기 때문이다.

→ 해설 : (1) ① 돌을 깔면 돌 사이에 작은 틈이 생기는데, 돌 사이의 틈으로 충격이 흡수된다. 콘크리트로 되어 있는 바닥이라면 사이에 틈이 없어서 충격을 견디지 못하고 깨진다.
② 철길 바닥이 흙으로 되어 있으면, 물이 빠지지 않고 흙탕물이 되어 철로가 유실될 수 있다.
③ 철길에 풀이 무성하게 자라면 풀과 기차 사이에 마찰이 생겨 속도를 빠르게 내지 못한다. 또한, 바퀴 사이에 끼어 고장 혹은 화재의 원인이 될 수 있다.
④ 돌 사이의 틈으로 시끄러운 소리를 내는 음파가 흡수되어, 소음을 줄일 수 있다.

문 40
P. 95

문항 분석 및 평가표

→ 문항 분석 : 해설 참조. (정교성)

→ 평가표 :

(1) 번 답이 맞는 경우	2 점
(2) 번 답이 맞는 경우	3 점
총합계	5 점

정답 및 해설

→ 정답 : (1) 과포화 용액이 된다.

(2) 막대에 붙어 있던 설탕이 설탕 용액에 녹아 있는 설탕을 끌어당겨서 점점 커지며 사탕이 된다.

→ 해설 : (1) 설탕은 20 ℃ 의 물 100 g 에 약 200 g 정도가 녹아 포화상태의 용액이 된다. 물을 끓여 온도를 높이면 설탕을 더 녹일 수 있다. 물을 가열하여 포화 상태가 되는 양보다 많은 양의 설탕을 녹이고 결정이 생기지 않도록 녹이면, 과포화 상태의 용액이 된다.

(2) 과포화 상태의 설탕 용액은 원래 녹일 수 있는 설탕의 양보다 많은 양이 녹아 있어서 설탕을 다시 고체로 내보내려고 한다. 그래서 과포화 용액 안에 고체 상태의 설탕 알갱이가 있으면 설탕 알갱이를 씨앗으로 하여 큰 설탕 결정이 만들어진다.

문항 분석 및 평가표

→ 문항 분석 : 세차운동이란, 팽이의 회전축이 연직축 둘레를 회전하는 것과 같이 자전운동을 하고 있는 물체의 회전축이 회전하는 현상을 말합니다. 세차운동은 태양과 달의 중력과 관련이 있습니다. (유창성, 정교성)

→ 평가표 :

(1) 번 답이 맞는 경우	2 점
(2) 번 답이 맞는 경우	3 점
총합계	5 점

정답 및 해설

→ 정답 : (1) A, 태양과 멀리 떨어져 있지만 태양의 고도가 가장 높아 단위 면적당 에너지양이 많기 때문에 기온이 높다. 그래서 여름이다.

(2) 태양과의 거리가 가까운 위치에서 태양의 고도가 높은 여름이기 때문에 현재 여름의 기온이 지금보다 더 높고, 태양과의 거리가 먼 위치에서 태양의 고도가 낮은 겨울이기 때문에 현재 겨울의 기온보다 더 낮다.

→ 해설 : 손전등을 수직으로 비출 때가 비스듬히 비출 때보다 면적이 좁다. 손전등에서는 동일한 에너지가 나가므로 같은 면적에 대해 들어오는 에너지는 수직으로 비출 때가 더 크다. 따라서 태양의 고도가 높을 때 단위 면적당 에너지양이 많고, 기온이 높다.

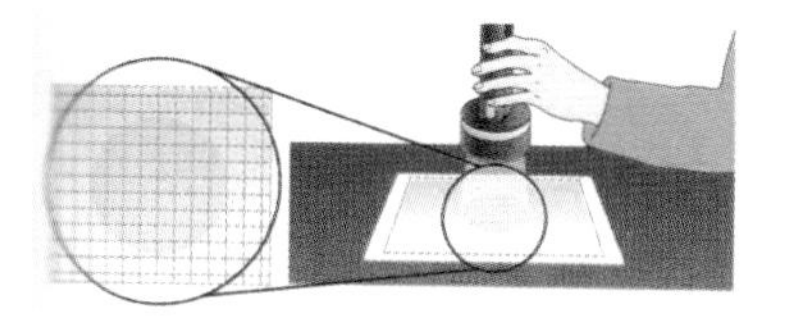
▲ 손전등을 수직으로 비출 때

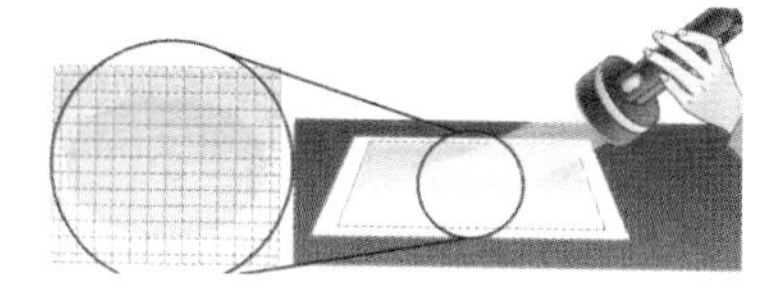
▲ 손전등을 비스듬히 비출 때

문항 분석 및 평가표

→ 문항 분석 : 뼈는 우리 몸의 형태를 만들어 주고 몸을 지지하며, 내부를 보호하는 역할을 합니다. 근육은 길이가 줄어들거나 늘어나면서 뼈를 움직이게 합니다. 뼈와 뼈가 연결되는 부분은 관절이라고 하는데, 뼈와 뼈가 조화롭게 움직이도록 합니다. (유창성, 정교성)

→ 평가표 :

(1) 번 답이 맞는 경우	2 점
(2) 번 답이 맞는 경우	2 점
총합계	4 점

정답 및 해설

—> 정답 : (1) 풍선 인형은 뼈와 관절이 없기 때문에 사람과는 다르게 춤을 춘다.

(2) '비닐봉지 1'에 바람을 넣어야 하고, '비닐봉지 2'에 바람을 빼야한다.

—> 해설 : (2) 앉은 상태에서 일어나려고 할 때는 허벅지 앞쪽 근육은 수축이 되어 짧고 굵어지고, 허벅지 뒤쪽 근육은 이완되어 길고 얇아진다. 그래서 앞쪽 허벅지의 근육과 같이 종아리 앞쪽과 연결되어 다리가 펴지는 역할을 하는 '비닐봉지 1' 에 바람을 불어넣어야 하고, 종아리 뒤쪽과 연결되어 있는 '비닐봉지 2'에는 바람을 빼야 한다.

문항 분석 및 평가표

—> 문항 분석 : 다른 물질을 통과하는 빛은 스넬의 법칙을 따라 굴절합니다. 빛은 물질의 경계면에서 꺾이는데, 이를 굴절이라고 하고, 굴절이 되는 정도를 굴절률이라고 합니다. 굴절은 굴절률이 클수록 덜 꺾입니다. 공기의 굴절률은 약 1 이고, 석영 유리의 굴절률은 약 1.46 이므로, 공기에서 굴절된 빛은 석영 유리에서 덜 꺾입니다. (정교성)

—> 평가표 :

볼록렌즈를 통과한 빛이 모인 형태로 빛의 경로를 그린 경우	2 점
볼록렌즈 안에서 굴절한 빛의 경로를 정확하게 그린 경우	3 점
총합계	5 점

정답 및 해설

—> 정답 :

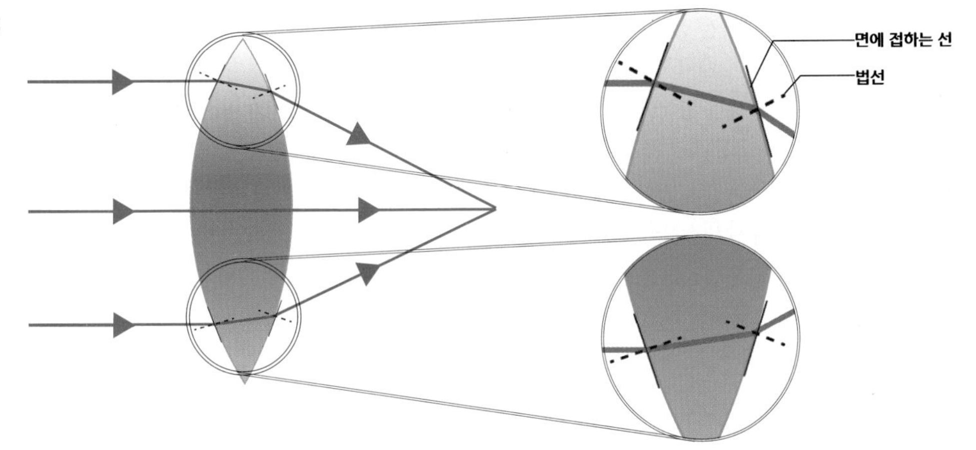

((감점이 되는 답))

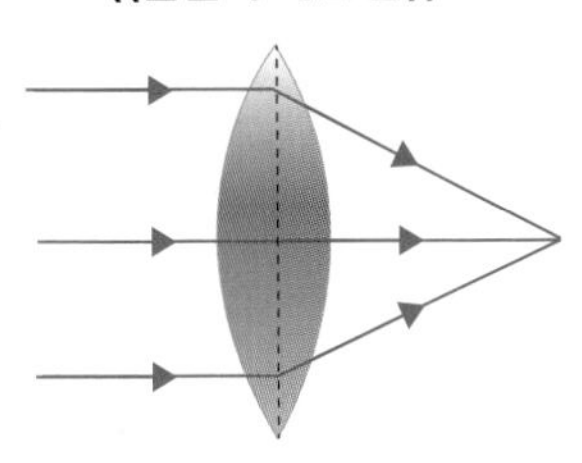

—> 해설 : <빛의 경로 그리기>

① 빛의 경로를 그리기 위해 빛이 입사한 면에 접선을 그리고, 접선에 수직인 선을 긋는다.

② 굴절률을 생각하여 입사각에 따른 굴절각을 생각하여 그린다.

빛이 들어가는 면에 수직한 선, 법선과 입사하는 광선 사이의 각도를 입사각이라고 한다. 그리고 이 빛이 물질로 들어가 꺾였을 때 법선과 광선 사이의 각도를 굴절각이라고 한다.

문항 분석 및 평가표

⟶ 문항 분석 : 분자는 온도가 높을수록 분자 운동이 활발해집니다. 즉 물체의 온도는 물체를 구성하는 분자 운동의 활발한 정도를 나타낸 것입니다. (유창성, 융통성)

⟶ 평가표 :

(1) 번 답이 맞는 경우	3 점
(2) 번 답이 맞는 경우	3 점
총합계	6 점

정답 및 해설

⟶ 정답 :(1) 물의 온도를 시간을 들여 낮추면서 얼리면 분자가 안정된 상태에서 얼기 때문에 분자 사이의 거리가 가까워서 비교적 느리게 녹는다.

(2) ① 끓인 물을 얼린다.
② 동그란 모양으로 얼린다.
③ 이미 얼었던 얼음을 살짝 녹인 후 다시 얼린다.

⟶ 해설 : (1) 물의 온도를 낮추면 분자들의 운동이 둔해지고, 분자 사이의 거리가 가까워진다. 분자 사이의 거리가 가까우면 분자 사이의 인력이 강해진다. 인력이 강할수록 분자 사이의 결합을 끊기 위한 에너지가 더 많이 필요하다. 물의 온도를 낮추면 분자들의 운동이 둔해지고, 분자사이의 거리가 가까워진다.
물을 비교적 높은 온도에서 천천히 얼리면 물 분자의 운동이 천천히 느려져 분자 사이의 거리가 가장 가까운 상태로 얼게 된다. 냉장고에서 급속 냉동된 얼음은 분자 사이의 거리가 비교적 멀어 녹는데 시간이 오래 걸리지 않는다.

(2) ① 물을 끓이면 물속에 녹아 있던 기체가 방출된다. 기체가 많이 포함된 얼음은 녹으면서 기체가 있던 공간 때문에 표면적이 커져 더 빨리 녹지만, 물을 끓인 얼음은 기체가 녹아 있지 않아 더 느리게 녹는다.
② 똑같은 양의 물을 얼렸을 때 동그란 모양의 얼음이 각진 모양의 얼음보다 표면적이 작으므로 동그란 모양의 얼음이 더 느리게 녹는다.
③ 얼어있던 얼음이 살짝 녹으면 물 분자가 재배열되어 얼기 때문에 안정되어 느리게 녹는다. 표면에 느리게 녹는 얼음이 얼어있기 때문에 얼음 자체가 비교적 다른 얼음보다 천천히 녹는다.

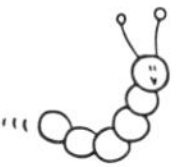

문항 분석 및 평가표

⟶ 문항 분석 : 공을 수평면과 45° 를 이루는 각도로 던지면 공은 포물선을 그리면서 날아갑니다. 포물선을 그리며 날아가는 공은 수평 방향으로는 등속 운동을 하고, 수직 방향으로는 중력에 의해 가속도 운동을 합니다. (정교성)

⟶ 평가표 :

(1) 번 답이 맞는 경우	3 점
(2) 번 답이 맞는 경우	3 점
총합계	6 점

정답 및 해설

⟶ 정답 : (1) 수평면과 45° 위의 방향으로 공을 던지면 공중에 있는 시간이 길어지기 때문에 더 멀리 떨어질 것이다.

(2) 야구공이 박힌 벽이 더 충격량이 클 것이다.

⟶ 해설 : (1) 45° 위로 공을 발사하면 수평으로 발사한 공보다 더 오랜 시간 공중에 떠 있다. 오랜 시간 비행한 공이 더 먼 곳에 떨어진다.

(2) 야구공이 벽을 뚫고 더 날아갔다면 벽을 뚫은 뒤에 야구공은 계속 속력을 가지고 운동하므로 야구공이 박힌 벽보다 적은 충격을 받는다. 벽에 박힌 야구공의 속력은 0 이므로, 벽을 뚫은 공의 속력 변화가 더 작다. 그러므로 야구공이 벽에 박혔을 때가 벽이 받는 충격량이 더 크다.

문항 분석 및 평가표

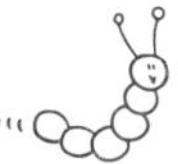

⟶ 문항 분석 : 생물의 군집의 종류나 개체수, 물질의 양, 에너지의 흐름이 거의 변하지 않고 안정하게 유지되는 생태계의 상태를 '생태계의 평형'이라고 합니다. 안정한 생태계는 외적 요인에 의해 평형이 깨지고 회복되는 과정을 끊임없이 반복합니다.

지진, 홍수, 산사태, 화산 폭발 등에 의해 자연적으로 생태계의 평형이 파괴될 수 있습니다. 또한 인간으로 인해 생태계의 평형이 파괴되기도 하는데, 사람에 의해 유입된 황소 개구리와 같은 외래종 유입이 그 예입니다. 하지만 시간이 지나자 국내 생태계는 다시 평형을 되찾았습니다. (유창성, 정교성)

⟶ 평가표 :

(1) 번 답이 맞는 경우	2 점
(2) 번 답이 맞는 경우	4 점
총합계	6 점

정답 및 해설

⟶ 정답 : (1) 먹이 사슬의 아래에 있는 생물일수록 개체수가 많다. 그러므로 식물플랑크톤의 개체수가 더 많다.

(2) ① 방어가 감소하면 정어리와 고래가 일시적으로 감소하고, 동물플랑크톤이 일시적으로 증가한다.
② 증가한 동물플랑크톤으로 인해 식물플랑크톤이 일시적으로 감소한다.
③ 방어가 다시 증가하여 원상태로 돌아간다.
④ 동물플랑크톤이 다시 감소하여 원상태로 돌아간다.
⑤ 고래와 정어리가 다시 증가하고, 식물플랑크톤이 다시 증가하여 원상태로 돌아간다.
⑥ 다시 생태계의 평형을 이룬다.

⟶ 해설 : (1) 생산자인 식물이 가지고 있는 에너지의 10 % 정도만 초식 동물인 1 차 소비자에게 필요한 에너지나 일로 이용되고, 90 % 정도는 다시 환경으로 배출된다. 따라서 10 kg 의 1 차 소비자를 먹여 살리려면 100 kg 의 생산자가 필요하다. 그래서 생산자의 개체수가 더 많다.

문항 분석 및 평가표

⟶ 문항 분석 : 해설 참조. (유창성, 정교성)

⟶ 평가표 :

(1) 번 답이 맞는 경우	3 점
(2) 번 답이 맞는 경우	2 점
총합계	5 점

정답 및 해설

⟶ 정답 : (1) 플래시는 어두운 곳에서 물체가 잘 보이지 않아 플래시를 이용해 밝게 보이려고 터뜨리지만, 별은 멀리있어 플래시로 밝게 볼 수 없다. 또한, 별빛의 세기가 매우 약하기 때문에 플래시의 밝은 빛으로 인해 별이 더 찍히

지 못하게 된다.

(2) 지구가 자전하고 있기 때문에 하룻밤동안 북극성을 중심으로 별들이 회전하는 것처럼 보인다.

→ 해설 : (1) 별빛은 매우 약하기 때문에 별을 관찰할 때는 주변에 빛이 아주 적은 곳에서 관찰한다. 사진은 들어오는 빛을 감지해 그 모습을 기록하는 기계이다. 지구에서 보이는 별빛은 세기가 매우 약하기 때문에, 조리개를 오랫동안 열어 두어야 카메라의 감지기가 빛을 많이 감지하여서 빛을 기록할 수 있다.

(2) 북반구에서는 하루 동안 별이 북극성을 중심으로 한 바퀴 돈다. 이것을 '별의 일주운동'이라고 한다.

문항 분석 및 평가표

→ 문항 분석 : 반사에는 의식적 반응과 무의식적 반응이 있습니다. 의식적 반응은 자극을 대뇌에서 판단하여 나타나는 반응으로 대뇌가 중추입니다. 무의식적 반응은 밝은 빛을 보았을 때 동공이 작아지는 동공 반사와 신 레몬을 보면 침이 나오는 조건 반사가 있습니다. (유창성, 정교성)

→ 평가표 :

(1) 번 답이 맞는 경우	2 점
(2) 번 답이 맞는 경우	2 점
총합계	4 점

정답 및 해설

→ 정답 : (1) 약 0.17 초 만에 잡았다.

(2) 손의 위치가 점점 더 자의 작은 값에 있을 것이다. 의식적인 반응이 학습이 되었기 때문이다.

→ 해설 : (1) $(\text{시간})^2 = (\text{떨어진 거리}) \div 5$

떨어진 거리는 단위가 미터 (m) 이므로, 0.14 m 로 바꿔 계산한다.

$(\text{시간})^2 = \frac{0.14}{5}$

$(\text{시간}) = \sqrt{\frac{0.14}{5}} = \sqrt{0.028} = \frac{1}{10}\sqrt{2.8}$

$1.6^2 = 2.56$ 이고, $1.7^2 = 2.89$ 이므로 $1.6 < \sqrt{2.8} < 1.7$

그러므로 약 0.17 초 만에 자를 잡았다.

문항 분석 및 평가표

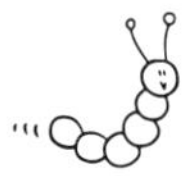

→ 문항 분석 : 나무에는 '형성층'이라는 것이 있어 줄기가 굵어지는 부피 생장을 합니다. 형성층이 없는 식물은 줄기가 굵어지지 않습니다. 형성층이 있는 식물은 쌍떡잎 식물, 형성층이 없는 식물은 외떡잎 식물입니다. 이 둘의 줄기의 단면은 다음과 같습니다. (유창성, 정교성)

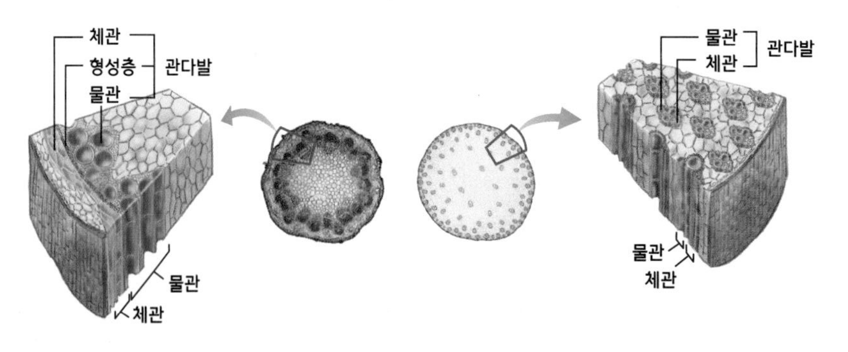

<쌍떡잎 식물>　　<외떡잎 식물>

—> 평가표 :

(1) 번 답이 맞는 경우	3 점
(2) 번 답이 맞는 경우	3 점
총합계	6 점

정답 및 해설

—> 정답 : (1) 가장 바깥쪽 수피는 나무의 보온과 보습 등의 물리적 보호 역할을 하지만, 안쪽 수피는 체관이 있어 잎에서 광합성으로 만들어진 유기 양분이 이동한다. 안쪽의 수피를 먹으면 나무에서 만들어진 양분을 섭취할 수 있기 때문에 나무껍질을 먹어도 연명할 수 있다.

(2) 너도밤나무와 비교해 참나무의 수피는 많이 갈라져 있고, 두꺼운 것으로 보아, 빠른 생장으로 수피가 새로 생겨나는 속도도 빠르다. 그러므로 나무의 줄기 표면에 상처가 생겼을 경우 참나무가 더 빨리 수피를 생성해 회복한다.

—> 해설 : (1) 대부분의 나무는 쌍떡잎 식물이다. 그래서 체관이 형성층 밖에 위치한다. 줄기의 수피를 고리 모양으로 벗긴 후 시간이 지나면 벗겨낸 부위의 위쪽이 두꺼워진다. 이를 통해 잎에서 광합성으로 만들어진 양분이 나무껍질에 있는 체관을 통해 이동한다는 것을 알 수 있다.

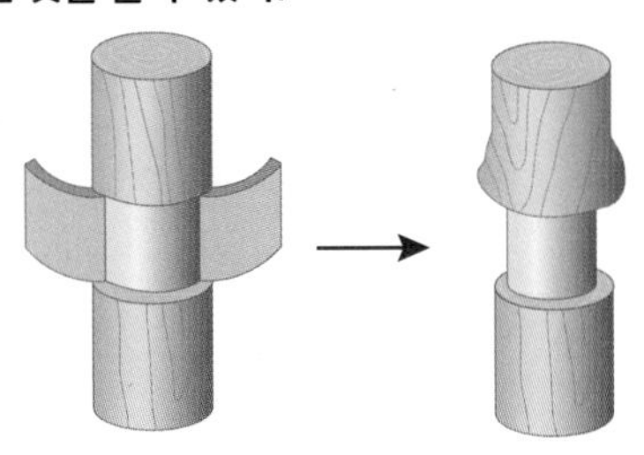

먹을 것이 없던 옛날에는 수피를 먹으며 끼니를 때우곤 했지만, 실제로는 영양분이 아주 적어 수피로 계속해서 식사를 할 수는 없다. 또한, 나무 껍질을 까면 나무가 훼손된다.

(2) 수피는 초식 동물이나 곤충 및 기생 식물을 방어하는 역할을 한다. 너도밤나무는 곤충과 담쟁이가 밟고 올라오지 못하도록 매끈한 수피를 유지하려고 한다. 수피가 매끄럽기 위해서는 수피가 최대한 천천히 자라야 한다. 그래서 잘리고 상처 난 부위의 회복도 천천히 이루어진다. 그에 반해 두껍고 거칠한 수피면을 가지고 있는 참나무는 상처 난 부위의 수피도 빨리 생성된다.

문 50

P. 105

문항 분석 및 평가표

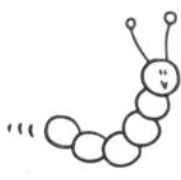

—> 문항 분석 : 해설 참조. (유창성, 정교성)

—> 평가표 :

세 개 중 하나의 정답이 맞는 경우	4 점
세 개 중 두 개의 정답이 맞는 경우	5 점
세 개 중 네 개의 정답이 맞는 경우	6 점

정답 및 해설

—> 정답 : 무한이 : 얼굴을 보았지만 다른 사람의 얼굴과 구분을 하지 못했으므로 ④ 대뇌에서 문제가 생겼다.
영재 : 눈이 보이지 않아 얼굴을 보지 못했으므로 ② 번에서 문제가 생겼다.
상상이 : 얼굴을 알아봤지만, 목의 근육이 움직이지 못해 이름을 부르지 못했으므로 ⑥ 번에서 문제가 생겼다.

—> 해설 : (1) 사람을 보고, 인식해서 이름을 부르는 과정은 다음과 같다.

자극	① 사람이 지나간다.
▼	
감각기	② 사람을 본다.
▼	
감각신경	③ 시각 신경
▼	
중추	④ 사람을 인식하고 이름을 떠올린다.
▼	
운동신경	⑤ 운동신경
▼	
반응기	⑥ 목과 혀를 움직인다.
▼	
반응	⑦ 이름을 부른다.

점수에 따른 성취도 등급

등급	1등급	2등급	3등급	4등급	5등급	총점
평가	183 점 이상	137 점 이상 ~ 182 점 이하	91점 이상 ~ 136 점 이하	46 점 이상 ~ 90 점 이하	45 점 이하	248 점
성취도	영재성을 나타내는 성적으로영재교육원 합격권입니다.	상위권 성적으로 영재교육원 합격권입니다.	우수한 성적으로 약간만 노력하면 영재교육원에 갈 수 있습니다.	올해 영재교육원에 가길 원한다면 열심히 노력해야 합니다.	내년 목표로 꾸준하게 영재교육원 대비를 해야 합니다.	

3 STEAM 융합

총 8 문제입니다. 문제 배점은 각 문항별 평가표를 참고하면 됩니다. / 단원 말미에서 성취도 등급을 확인하세요.

문 01
P. 108

문항 분석 및 평가표 

—> **문항 분석 :** 크리머에 야자유가 들어간 커피믹스는 뜨거운 물에 타야 잘 녹고, 크리머에 해바라기유가 들어간 커피믹스는 차가운 물에 타도 잘 녹습니다. 야자유의 녹는점은 24~27 ℃ 이기 때문에 뜨거운 물에서만 잘 녹고, 해바라기유는 녹는점이 낮아 상온에서도 액체 상태여서 찬물에도 잘 녹기 때문입니다.

—> **평가표 :**

(1) 번 커피믹스 매출량 감소의 원인을 사회 분위기와 연관 지어 타당하게 설명한 경우	3 점
(2) 번 답이 맞는 경우	4 점
(3) 번 독창적이고 사회 분위기에 어울리는 물건을 생각해낸 경우	3 점
종합계	10 점

정답 및 해설

—> **정답 :** (1) ① 먹을거리가 많아지면서 건강한 음식을 찾으려는 사회 분위기로, 설탕과 크리머가 들어간 커피믹스의 선호도가 낮아졌다.

② 소비자의 입맛이 다양해지면서 커피믹스의 인기가 떨어졌다.

③ 홈 카페 열풍이 불면서 집에서도 커피를 직접 내려서 마시는 사람이 많아졌다.

④ 고급 커피 제품을 선호하면서 일반 커피믹스의 선호도가 떨어졌다.

⑤ 커피 자체가 인기가 많아져 저렴한 가격의 커피를 파는 커피 전문점이 많아져서 커피믹스의 판매량이 떨어졌다.

(2) 크리머에 야자유가 함유된 커피믹스는 뜨거운 물에 먼저 녹인 후, 얼음을 넣는다. 크리머에 해바라기유가 함유된 커피믹스는 차가운 물에 바로 넣어 녹인다.

(3) 김칫국물 – 김치를 담가 먹는 사람이 적어지고, 김치를 사서 먹는 사람이 많아졌다. 야외로 나가서 식사할 때 김칫국물을 먹기 위해 김치를 담그거나 부피가 큰 김치 통을 통째로 가져가기 부담되는 사람을 위해 차가운 물에 풀면 김칫국물이 되는 가루를 커피믹스처럼 포장하여 판다.

아이스크림 – 해외로 연수나 공부를 하러 가는 사람이 늘고 있다. 해외에 오래 나가 있을 때, 우리나라의 아이스크림을 싸갈 수 없다. 또한, 해외에서 원하는 아이스크림은 비싸거나 없어서 살 수 없다. 아이스크림을 분말로 만들어, 물에 풀어 얼리면 아이스크림이 될 수 있도록 포장하여 판다.

문항 분석 및 평가표 

—> **문항 분석 :** 주파수가 20 kHz 를 넘어 사람이 들을 수 없는 음파를 초음파라고 합니다. 초음파도 소리의 일종으로, 소리와 속력이 같습니다. 온도에 따라 약간의 차이는 있지만, 약 340 m/s 입니다. 초음파는 바다 밑의 물고기의 위치를 파악하기 위해 쓰입니다. 만약 배에서 보낸 초음파가 2 초 만에 돌아왔다면, 340 m 의 깊이에 물고기가 있다는 것을 알 수 있습니다.

—> **평가표 :**

(1) 번 답이 맞는 경우	4 점
(2) 번 피해야 할 사람을 구별할 방법을 합리적으로 쓴 경우	3 점
종합계	7 점

정답 및 해설

—> 정답 : (1) 초음파를 보내면 초음파가 몇 초 만에 반사되어 돌아오는지 측정해서 주변 차량과의 거리를 계산한다.

(2) ① 5 세 여자, 얼굴 인식 기술을 넣어서 눈, 코, 입이 정삼각형을 이룰수록 어린 나이로 인식하게 하여 피한다. 하지만 어린 얼굴을 가지고 있어도 어깨가 벌어지고 목에 목젖이 나와 있다면, 가장 나중에 피한다.

② 87 세 남자, 얼굴 인식 기술을 이용해 눈가와 목에 주름이 많고, 느리고 뒤뚱뒤뚱 걷는 사람을 가장 먼저 피한다.

③ 87 세 남자, 적외선 센서와 목소리 인식 센서를 이용한다. 적외선 센서로 대상의 물질대사가 활발한지 확인하고, 목소리 인식 센서로 목소리의 강도를 확인한다. 물질대사가 낮고, 목소리에 힘이 없다면 가장 먼저 피한다.

④ 87 세 남자, 전자파 센서를 이용해서 대상의 근육량과 골밀도를 확인한다. 근육량과 골밀도의 수치가 낮으면 달려오는 차량을 보고 빠르게 피할 수 없으므로, 그 사람을 가장 먼저 피한다.

⑤ 5 세 여자, 얼굴 인식을 이용해, 어린 얼굴과 작은 키를 가졌는지 확인한다. 적외선 센서로 물질대사가 활발한지 확인한다. 얼굴이 어리고 키가 작으며 물질대사가 활발하다면 가장 먼저 피한다.

문항 분석 및 평가표

—> 문항 분석 : 기원전 200 년경 에라토스테네스는 둥근 지구의 둘레를 측정했다. 알렉산드리아와 여기에서 남쪽으로 925 km 떨어진 시에네에 각각 해시계를 두고 하짓날 정오에 해시계 바늘이 만드는 그림자의 각도 차이 (7.2˚)를 쟀다.

에라토스테네스는 지구의 둘레를 대략 46,250 km 로 계산했는데, 오늘날 측정한 실제 값인 40,120 km 와 상당히 근접한 값이다.

—> 평가표 :

(1) 번 정답이 맞는 경우	3 점
(2) 번 정답이 맞는 경우	3 점
(3) 번 정답이 맞는 경우	4 점
총합계	10 점

정답 및 해설

—> 정답 : (1) 30.7˚

(2) 태양의 고도란 지표면과 태양광선이 이루는 각을 말한다. 북쪽으로 갈수록 지표면과 태양광선이 이루는 각이 작아지므로 태양의 고도가 낮아진다.

(3) 46,250 km

—> 해설 : (1) 지구의 자전축은 23.5˚ 기울어져 있다. 그러므로 공전 궤도면도 적도와 이루는 사이각 23.5˚ 이다. 하지 정오에 태양광선이 시에네의 지표면에 수직으로 왔기 때문에 적도에서 시에네까지의 각도는 23.5˚ 이고, 알렉산드리아와 시에네는 7.2˚ 이므로, 알렉산드리아의 위도는 30.7˚ 이다.

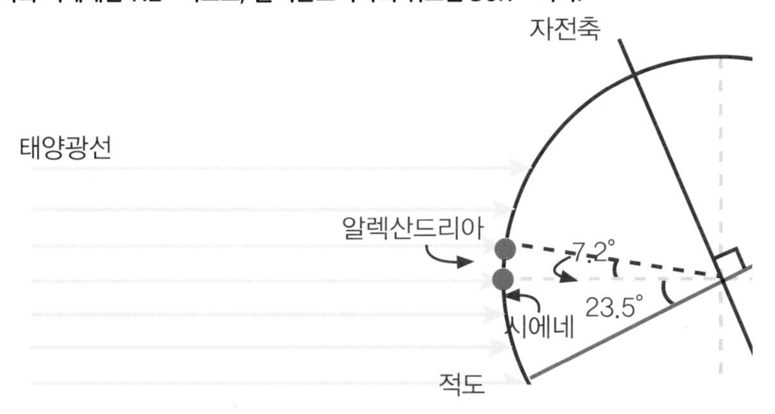

—> (2)

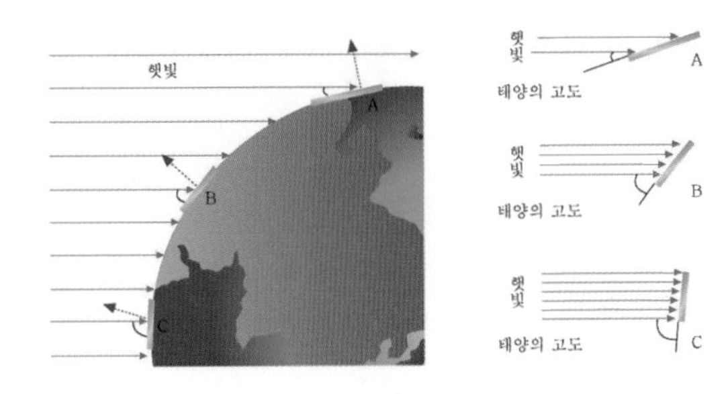

북쪽(A)으로 갈수록 태양의 고도가 점점 낮아진다.

(3) 알렉산드리아에서 지표면에 수직인 물체와 태양광선이 이루는 각은 7.2° 있고, 시에네에서 925 km 떨어져 있다.
360° : (지구의 둘레) = 7.2° : 925
7.2 × (지구의 둘레) = 360 × 925
(지구의 둘레) = 46,250

문항 분석 및 평가표

—> 문항 분석 : 해설 참조.

—> 평가표 :

(1) 번 정답이 맞는 경우	6 점
(2) 번 거품을 내기 위한 원리를 이해하고, 바른 방법을 제시한 경우	6 점
총합계	12 점

정답 및 해설

—> 정답 :(1) ① 번 과정에서 샴푸 헤드 내부의 부피가 순간적으로 작아지고 압력이 커져 샴푸가 샴푸 헤드 밖으로 분출되다. 손을 떼면 출구 마개 부분이 닫히며 출구 마개와 입구 마개 사이의 공간이 늘어나며 내부의 압력이 작아지고, 아래 샴푸 통 안의 샴푸가 위의 관 안으로 들어온다.
(2) 펌프를 누를 때 용액에 공기가 섞여 거품이 형성되도록 관에 작은 구멍의 망을 설치한다.

—> 해설 : (2) 거품은 물과 비누가 섞여 적당한 표면 장력을 가질 때, 물과 비누가 이루는 얇은 막에 공기가 들어가 공기를 감싼 것이다. 펌프를 누를 때 용액에 공기가 섞여 거품이 형성되도록 관에 작은 구멍의 망을 설치하면 용액이 망 사이를 통과하는 과정에서 공기가 섞여 거품이 형성된다.

문 05
P. 116

문항 분석 및 평가표

—> 문항 분석 : 해설 참조.

—> 평가표 :

(1) 번 답이 맞는 경우	3 점
(2) 번 답이 맞는 경우	4 점
총합계	7 점

정답 및 해설

—> 정답 : (1) 2 층의 지붕에서 열이 감지되므로, 지붕에서 열이 빠져나온다는 것을 알 수 있다. 그러므로 1 층이 더 따뜻하다.

(2) 확인이 불가능하다. 적외선 열화상 카메라는 물체의 표면에서 나오는 적외선을 감지하여 온도를 측정하는 것으로 피부 깊은 곳에서 나오는 전자기파를 표면에서 나오는 전자기파와 구별할 수 없다.

문항 분석 및 평가표

⟶ **문항 분석 : 해설 참조.**

⟶ **평가표 :**

(1) 번 빛과 색의 특성을 생각하여 합리적인 답을 쓴 경우	2 점
(2) 번 알맞은 해결책을 제시한 경우	3 점
(3) 번 답이 맞는 경우	5 점
총합계	10 점

정답 및 해설

⟶ 정답 : (1) (예시 답안) ① 겹쳐진 부분에 흰색 점을 찍어 수정한다.
② 색이 겹쳐진 부분에 미세한 점을 뚫고, 그림 뒤에 하얀 도화지를 덧붙인다.

(2) (예시 답안) ① 검은색 부분에 해당하는 화소의 빛을 차단한다.
② 빨간색, 초록색, 파란색 빛이 나는 전구와 함께 까만색으로 칠한 전구를 놓는다.

(3)

전구의 색	기호
빨간색	(나)
초록색	(나)
파란색	(가)

⟶ 해설 : (1) 흰색은 모든 파장의 가시광선을 반사한다. 그래서 흰색점을 찍으면 그림이 밝아 보이게 된다. 하얀 도화지를 구멍을 뚫은 그림 밑에 덧붙여도 모든 파장의 가시광선이 반사되어 밝아 보이게 할 수 있다.

(3) 전지를 직렬로 연결하면 전압이 커지고 전구의 전력이 커지므로 밝게 빛난다.
빨간색과 초록색 빛을 섞으면 노란색 빛이 된다. 빨간색과 초록색 빛을 내는 전구에 강한 전압을 가해서 센 빛을 내게 하고, 파란색 빛을 내는 전구에 약한 전압을 가해서 약한 빛을 내게 하여 노르스름한 빛을 만든다.

문항 분석 및 평가표

⟶ **문항 분석 : 유전분극은 물체의 분자가 전체적으로 정렬하여 전기를 띠는 현상을 말합니다. 금속이 아닌 작은 종잇조각이 대전된 물체에 붙는 것도 종잇조각의 분자가 정렬하여 전기를 띠기 때문입니다.**

⟶ **평가표 :**

(1) 번 답이 맞는 경우	3 점
(2) 번 답이 맞는 경우	3 점
(3) 번 답이 맞는 경우	4 점
총합계	10 점

정답 및 해설

⟶ 정답 : (1) 물 분자의 수소 원자가 파일에 붙으려고 하는 것처럼 재배열 된다.

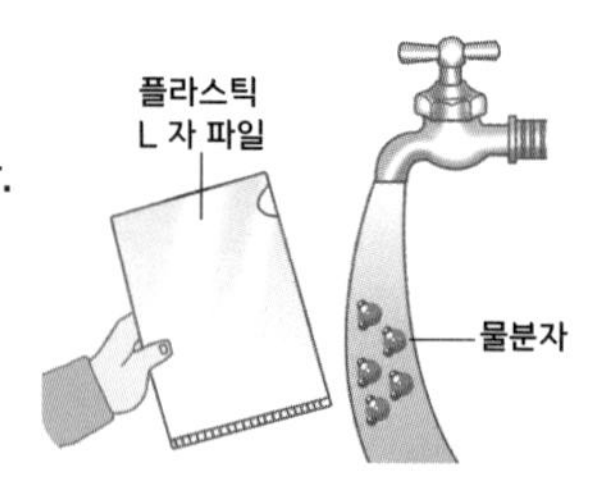

(2) 초미세먼지는 유전분극 현상으로 대전체에 붙는다. 정전기 필터는 전기를 띠고 있어 대전된 물체와 같아, 초미세먼지가 정전기 필터에 붙는다.

(3) 미세먼지가 많이 붙어 정전기 필터가 전기적으로 중성이 되거나, 물 분자의 극성으로 인해 정전기 필터가 전기적으로 중성이 되어 먼지를 거르는 효과가 없어지기 때문이다.

—> 해설 : (1) 두 물체를 마찰시키면 한쪽 물체는 (+) 전기를, 다른 쪽에는 같은 양의 (−) 전기를 띠게 되는데, 같은 물체라도 마찰하는 상대방의 물체에 따라 (+) 또는 (−) 극으로 대전된다. 실험을 통해 물건들의 이러한 경향을 순서로 나타낸 것을 대전열이라고 한다.

털가죽과 플라스틱을 마찰하면 털가죽은 전자를 잃어 (+) 전기를 띠게 되고, 플라스틱은 전자를 얻어 (−) 전기를 띠게 된다. 머리카락과 털가죽은 비슷하다. 그러므로 플라스틱 파일은 (−) 전기를 띠게 되고, 물 분자에서 (+) 극을 띠는 수소 원자가 플라스틱 파일에 끌린다.

(2) 정전기는 물체가 마찰될 때마다 전하가 불꽃을 띠며 이동하는 것입니다. 미세먼지용 마스크에는 초고압 전류를 이용하여 정전 처리된 필터를 사용하지만, 전기를 느낄 수 없습니다. 그 이유는 미세먼지를 잡기 위한 (+) 전하와 (−) 전하가 고르게 퍼져 있어 전기가 흐르지 않기 때문입니다.

문 08
P. 122

문항 분석 및 평가표

—> 문항 분석 : 신재생 에너지는 신에너지와 재생에너지를 통틀어 부르는 말로, 화석연료나 핵분열을 이용한 에너지가 아닌 대체 에너지의 일부입니다. 신에너지는 새로운 물질을 기반으로 하는 핵융합, 연료전지, 수소에너지 등을 의미하며, 재생에너지는 재생 가능한 에너지로 태양열, 태양광, 풍력, 지열, 조력 발전 등을 의미합니다.

—> 평가표 :

(1) 번 답이 맞는 경우	2 점
(2) 번 실현 가능한 해결책을 제시한 경우	3 점
(3) 번 답이 맞는 경우	2 점
총합계	7 점

정답 및 해설

—> 정답 : (1) ① 자연에서 유래된 에너지여야 한다.
② CO_2 를 배출하지 않아 환경에 해를 가하지 않아야 한다.
③ 지속가능한 에너지여야 한다.

(2) ① 보도블록 충전 배터리 : 최근에 압력을 가하면 충전이 되는 리튬 이온 배터리가 개발되었다. 보도블록에 이 배터리를 깔아 전기를 충전하고 활용한다.
② 화장실 변기 발전 : 화장실 변기에 작은 터빈을 달아 물을 내릴 때 터빈이 돌아가 발전이 되도록 한다.
③ 지하철 풍력 발전 : 지하철이 들어올 때 부는 바람을 이용해 터빈을 돌려 발전을 한다.

(3) (가) − 강의 상류와 강이 굽이치는 곳에서 바깥 쪽은 유속이 빠르기 때문에 (가) 에 물레방아를 설치하면 좋다.

—> 해설 : (3) 강이 굽이치는 바깥쪽은 안쪽과 물이 흐르는 양이 같지만 강길이 더 길어 속력이 빠르다. 이곳에서는 계속 강가의 땅이 깎인다.

문 09
P. 124

문항 분석 및 평가표

—> 문항 분석 : 외부에서 힘이 가해지지 않는 경우 평면 위의 두 점을 잇는 최단 경로는 직선입니다. 하지만 곡면 위에서는 직선이 아닙니다.

→ **평가표 :**

(1) 번 적절한 예를 든 경우	2 점
(2) 번 답이 맞는 경우	2 점
(3) 번 답이 맞는 경우	3 점
총합계	7 점

정답 및 해설

→ **정답 :(1) ① 처마의 모양 – 빗물이 고이지 않고 빨리 흘러내려 천장이 무너지지 않는다.**
② 화재 구조용 미끄럼틀 – 불이 났을 때 빨리 내려올 수 있어, 사람을 더 많이 구조할 수 있다.
③ 비행기 탈출용 미끄럼틀 – 비상 착륙 후 미끄럼틀로 내려올 때, 더 빨리 많은 사람을 구출할 수 있다.

(2) 대권 코스보다 제트 기류를 타고 가면 더 빨리 가기 때문에 연료비와 시간을 아낄 수 있기 때문이다.

(3)

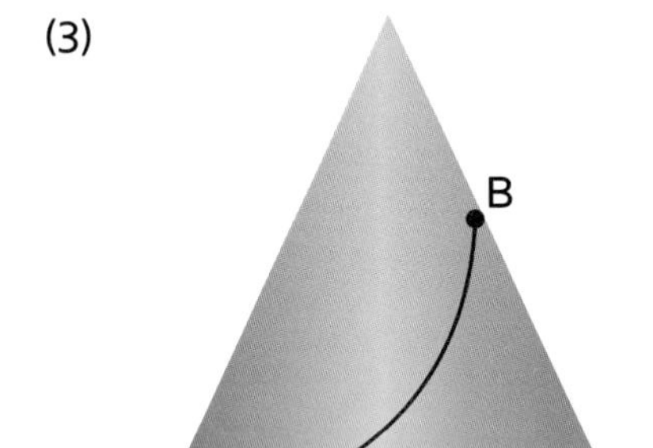

→ **해설 : (3) 원뿔의 전개도에서 A 와 B 를 잇는 최단 경로는 직선이다. 이 전개도를 입체 모형으로 만들면 A 와 B를 잇는 최단 경로는 곡선이다.**

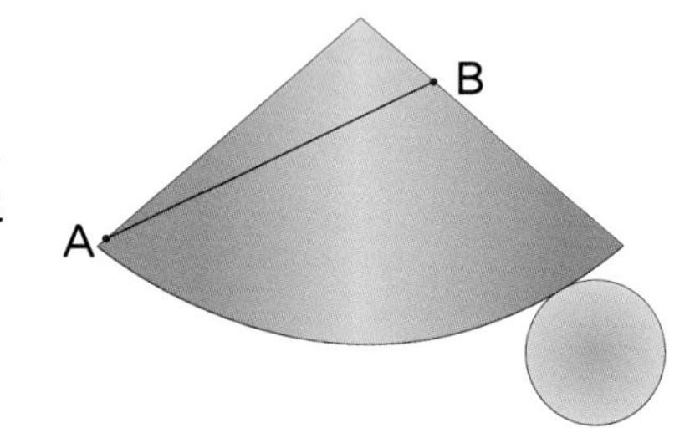

문 10
P. 126

문항 분석 및 평가표

→ **문항 분석 : 알약이나 캡슐은 약의 특성이나, 약효가 나야 하는 부위를 생각하여 코팅 물질을 다르게 합니다. 냄새가 많이 나는 알약은 설탕을 이용해 코팅하고, 유산균처럼 장에서 약효가 나야 하는 알약은 필름으로 코팅을 합니다. 또한, 젤라틴으로 코팅하는 캡슐도 있습니다. 일반적인 캡슐은 내용물을 바꿔도 티가 안 나지만, 젤라틴으로 코팅을 하면 캡슐을 열었다 닫은 흔적이 남기 때문에 안전합니다.**

→ **평가표 :**

(1) 번 적절한 예를 든 경우	4 점
(2) 번 답이 맞는 경우	3 점
총합계	7 점

정답 및 해설

→ **정답 :(1) 유산균이 들어있는 알약이나 캡슐은 산성에 강하고, 지방으로 되어있는 물질로 코팅하는 것이 좋다. 탄수화물과 단백질은 소장에 들어오기 전에 분해가 되어 적절한 곳에서 약효를 낼 수 없기 때문이다. 또한, 위는 pH 2의 위액을 내보내 소화를 돕기 때문에 산성에 강한 물질로 코팅해야 한다.**

(2) 소화약 – 소화가 잘 안 되면, 시원한 느낌을 찾게 된다. 그래서 시원한 맛이 나는 얇은 사탕 코팅을 한다.

심장약 – 심장에 이상이 생겼을 때 빠르게 혈관에 흡수되어 효과를 내는 것이 좋기 때문에 코팅을 하지 않는다.
변비약 – 장까지 도달하여 약효를 내야 하기 때문에 지방성분으로 코팅을 한다.

문항 분석 및 평가표

⟶ 문항 분석 : 색은 빛의 파장에 따라 달라집니다. 파장은 진동수에 반비례합니다. 파장이 길고 진동수가 작을수록 빨간색이고, 파장이 짧고 진동수가 클수록 파란색에 가까워집니다.

⟶ 평가표 :

(1) 번 정답이 맞는 경우	4 점
(2) 번 시온 물감과 광 결정의 합리적인 장단점을 모두 쓴 경우	3 점
총합계	7 점

정답 및 해설

⟶ 정답 :(1) 광 결정과 비슷하다. 물웅덩이 위에 떠 있는 알록달록한 막은 기름이다. 기름이 색을 내는 이유는 온도 변화 때문이 아니라 기름을 비추는 빛이 간섭하여 여러 가지 색이 보이는 것이기 때문에 광 결정과 비슷하다.

(2)

	장점	단점
시온 물감	- 빛이 많건 적건 색을 변화시킬 수 있다. - 원하는 부분의 색만을 변화시킬 수 있다.	- 발색제의 정해진 색만을 나타낼 수 있다. - 열 변화가 없다면 색 변화가 일어나지 않는다. - 색을 오래 유지하기 힘들다.
광 결정	- 온도에 따라 색이 변하지 않기 때문에 주변 온도에 상관없이 색을 변화시킬 수 있다. - 똑같은 환경에서도 빛을 변화시켜 여러 가지 색을 연출할 수 있다.	- 빛을 조절하기 힘든 실외에서는 색 변화가 힘들다. - 장난감 모양을 변형하면 색이 달라져 초기에 연출한 무늬가 망가질 수 있다.

⟶ 해설 : (1) 물웅덩이 위의 기름은 막처럼 되어있다. 막 표면 위와 아래에서 반사된 빛이 서로 간섭을 해서 빛의 진동수가 달라지고, 여러 가지 색이 보이게 되는 것이다. 간섭은 파동 두 개 이상이 만나 겹쳐지며 파동의 모양이 변하는 것을 말한다.

문항 분석 및 평가표

⟶ 문항 분석 : 일란성 쌍둥이는 두 명 모두 유전적 정보가 같고, 이란성 쌍둥이는 두 개의 난자와 두 개의 정자가 각각 만났기 때문에 유전적 정보가 서로 다릅니다. 유전 연구에 쌍둥이가 이용됩니다.

⟶ 평가표 :

(1) 번 합리적이고 알맞은 답변을 한 경우	4 점
(2) 번 답이 맞는 경우	4 점
총합계	8 점

정답 및 해설

⟶ 정답 :(1) 같다. 일란성 쌍둥이는 하나의 난자와 하나의 정자가 분열 과정에서 두 사람으로 된 것이기 때문이다.

(2) 이란성 쌍둥이의 비율이 더 크다. 여자의 몸에서 여러 개의 난자가 배란 되도록 유도를 시행하므로, 여러 개의 정자와 여러 개의 난자가 하나씩 결합해 쌍둥이가 될 확률이 높다. 하나의 난자와 하나의 정자가 만난 경우가 아니므로 이란성 쌍둥이이다.

—> 해설 : (1) 일란성 쌍둥이도 구별이 가능한데, 이는 유전자보다 성장과 환경 차이에 의한 것이다.

점수에 따른 성취도 등급

등급	1등급	2등급	3등급	4등급	5등급	총점
평가	80 점 이상	60 점 이상 ~ 79 점 이하	40 점 이상 ~ 59 점 이하	20 점 이상 ~ 39 점 이하	19 점 이하	102 점
성취도	영재성을 나타내는 성적으로영재교육원 합격권입니다.	상위권 성적으로 영재교육원 합격권입니다.	우수한 성적으로 약간만 노력하면 영재교육원에 갈 수 있습니다.	올해 영재교육원에 가길 원한다면 열심히 노력해야 합니다.	내년 목표로 꾸준하게 영재교육원 대비를 해야 합니다.	

4 심층 면접

총 8 문제입니다. 문제 배점은 각 문항별 평가표를 참고하면 됩니다. / 단원 말미에서 성취도 등급을 확인하세요.

문 13
P. 132

문항 분석 및 평가표

—> **문항 분석 : 글의 주제를 정확하게 파악하고 교훈을 말해 봅시다.**

—> **평가표 :**

주제에 집중하여 답을 한 경우	4 점

출제자 예시 답안

—> **① 겉모습에 상관없이 담고 있는 것이 예쁜지 추한지에 따라 예쁘고 추한 사람이 구별된다.**
② 외면보다는 내면이 사람의 가치를 만든다.

문 14
P. 132

문항 분석 및 평가표

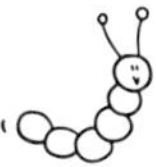

—> **문항 분석 : 자신이 알고 있는 정보를 활용해 달과 수성의 차이를 말해 봅시다.**

—> **평가표 :**

달과 수성의 차이점을 바르게 답한 경우	2 점
위성과 행성이라는 답을 제외하고 바른 답을 말한 경우	6 점

출제자 예시 답안

—> **① 수성은 탄소가 주성분인 흑연으로 이루어져 있어 더 까맣게 보인다.**
② 수성은 행성이고, 달은 위성이다.
③ 수성이 달 보다 크다.
④ 지구에서 달이 수성보다 크게 보인다.

문 15
P. 133

문항 분석 및 평가표

—> **문항 분석 : 이야기의 중심 내용에서 벗어난 답은 감점의 요인이 될 수 있습니다.**

—> **평가표 :**

주제에 집중하여 답을 한 경우	4 점

출제자 예시 답안

—> **① 작은 일이라도 책임을 다해 일했기 때문입니다.**
② 자신이 맡은 일을 꾸준하고 성실하게 일했기 때문입니다.
③ 전문가의 자세로 일을 했기 때문입니다.
④ 타인을 위해 봉사했기 때문입니다.

문 16
P. 133

문항 분석 및 평가표

—> **문항 분석 : 둘 중에 하나를 버리는 선택보다는 두 약속을 모두 책임지는 답변이 좋습니다.**

→ **평가표 :**

긍정적인 태도로 답을 한 경우	5 점

출제자 예시 답안

→ ① 나의 포지션을 맡아줄 친구를 구한 후, 친구들에게 양해를 구해 임원 회의에 참석하겠습니다.
② 선생님께 약속 때문에 임원회의에 참석하지 못한다고 말씀드리고, 해결책을 여쭤보겠습니다.
③ 부반장에게 임원회의에 참석해서 회의 내용을 알려달라고 부탁하겠습니다.

문항 분석 및 평가표

→ **문항 분석 :** 인공지능에게 일을 맡길 경우의 장단점을 생각해 보면 쉽게 답할 수 있습니다.

→ **평가표 :**

문장을 논리적으로 쓴 경우	5 점

출제자 예시 답안

→ ① 사람이 하기에는 지루하고, 반복적인 일을 하다보면 사고 가능성이 크기 때문에 인공지능이 그런 일을 하는 것이 좋습니다.
② 사람들의 직업을 빼앗는 것이기 때문에 인공지능에게 반복적이고 지루한 작업을 맡기는 것은 좋지 않습니다.
③ 오류가 생기면 오류를 쉽게 찾아낼 수 없고, 오류를 찾은 후에도 복구하는 데에 큰 비용이 듭니다.

문항 분석 및 평가표

→ **문항 분석 :** '성적' 이 학교 성적만을 말하는 것이 아니라는 점도 생각하여 자신의 의견을 말하는 것도 좋은 방법입니다.

→ **평가표 :**

창의적인 생각을 가지고 논리적으로 자신의 의견을 말한 경우	5 점

출제자 예시 답안

→ ① 성적이 좋으면 칭찬을 받아 행복하고, 성적이 나쁘면 꾸중을 들어 행복하지 못하기 때문에 행복은 성적순입니다.
② 좋은 성적을 받으면, 앞으로 내가 하고 싶은 일들을 실현하게 될 가능성이 높아지므로 행복은 성적순입니다.
③ 모든 일에는 성적이 매겨집니다. 게임에도 성적이 있고, 게임 성적이 좋으면 행복하기 때문에 행복은 성적순입니다.
④ 나의 꿈이 학교 성적에 크게 관련이 없다면 행복은 성적순이 아닙니다.
⑤ TV 에 나오는 랩퍼 중에 학교 공부를 완벽하게 하지 않은 사람이 있는데도, 꿈을 이루고 행복하게 살고 있습니다. 그러므로 행복은 성적순이 아닙니다.

문항 분석 및 평가표

→ **문항 분석 :** 문제가 생긴 상황에 집중하여 여러 가지 해결책을 제시해 봅시다. 창의적인 대답일수록 좋습니다.

→ **평가표 :**

창의적으로 상황에 알맞은 해답을 제시한 경우	6 점

출제자 예시 답안

—> ① 식당에 들어올 때는 어린이가 뜨거운 음식에 데여 사고가 나지 않도록 어린이 보호장구를 씌운다.

② 식당에 들어온 아이들은 식사가 나오기 전부터 앉아 있느라 나중에 집중력이 떨어져 움직이는 경우가 많다. 그러므로 어린이 동반 손님은 음식점에 들어오기 전에 미리 주문을 해놓게 한다.

③ 어린이가 놀 수 있는 공간을 마련한다.

④ 뜨거운 것을 나를 때는 카트를 이용한다.

⑤ 뜨거운 것을 나를 때는 경고음을 낸다.

문항 분석 및 평가표

—> 문항 분석 : 내가 관심 없는 것을 생각해 보고, 어떻게 하면 조금씩 관심을 가질 수 있을지 생각해 봅시다.

—> 평가표 :

문제 해결을 위해 노력한 경우	4 점

출제자 예시 답안

—> ① 과학 만화책을 소개한다.
② 장영실과 같은 역사적 인물과 관련된 과학 이야기를 하며 친구가 과학에 흥미를 가지도록 유도한다.
③ 재미있는 과학 전시관을 찾아 원리가 궁금해져 과학에 흥미를 갖도록 유도한다.
④ 하루에 과학 원리를 하나씩 알려주어 과학에 자신감을 갖도록 만든다.

점수에 따른 성취도 등급

등급	상	중	하	총점
평가	30 점 이상	15 점 이상 ~ 29 점 이하	14 점 이하	40 점
성취도	면접태도가 우수하고 사고 방식이 매우 긍정적입니다.	면접태도와 사고 방식이 또래 아이들에 비해 우수합니다.	계획적으로 면접태도와 사고 방식을 바꿔나갈 필요가 있습니다.	

5 마무리하기

· 아래의 표를 채우고 스스로 평가해 봅시다.

정리하기

단원	일반 창의성	언어 추리 논리	과학 창의성	창의적 문제해결력	STEAM (융합 문제)
점수					
등급					

· 총 점수 :　　　　　/ 505 점

· 평균 등급 :

전체 점수 성취도 등급

등급	1등급	2등급	3등급	4등급	5등급	총점
평가	481 점 이상	361 점 이상 ~ 480 점 이하	241 점 이상 ~ 360 점 이하	121 점 이상 ~ 240 점 이하	120 점 이하	647 점
	대단히 우수, 영재교육 절대 필요함	영재성이 있고 우수, 전문가와 상담 요망	영재성 교육을 하면 잠재능력 발휘할 수 있음	영재성을 길러주면 발전될 가능성 있음	어떤 부분이 우수한지 정밀 검사 요망	

스스로 평가하기

· 자신이 자신있는 단원과 부족한 단원을 말해보고, 앞으로의 공부 계획을 세워봅시다.

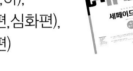

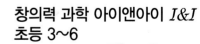

Ⅰ	영재교육원 소개	영재교육원은 어떤 곳이며, 영재교육원에 입학하기 위해 필요한 선발과정을 수록하였습니다.
Ⅱ	영재성 검사	일반 창의성, 언어/추리/논리, 수리논리, 공간/도형/퍼즐, 과학 창의성의 총 5 단계를 신유형 문제와 기출문제 위주로 구성하였습니다.
Ⅲ	창의적 문제해결력	지식, 개념 및 창의성을 강화시켜 주는 문제를 해당 학년 범위 내에서 기출문제/신유형 문제 위주로 구성하였습니다.
Ⅳ	STEAM / 심층면접	융합형 사고 기반 STEAM 문제와 심층면접에 대비하는 문제를 수록하였습니다.
Ⅴ	정답 및 해설 / 예시답안	각 문제에 대한 문항분석, 출제자 예시 답안, 해설을 하였고, 점수를 부여하여 스스로 평가할 수 있는 평가표를 제시하였습니다.

무한상상

꾸러미 동산에 잘 오셨어요!

잠 좀 깨우지 않기!

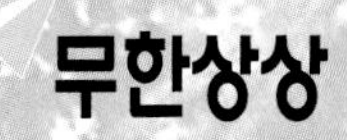
무한상상

무엇부터 할까?
친구들 안뇽!